上升的海洋

南卡罗来纳州查尔斯顿的莫里斯岛灯塔建成于1876年，当时的位置距离海岸线1 600英尺(500米)的陆地上。今天，这处灯塔却驻立在海洋之中，同样距离海岸线1 600英尺。由于海港入口处码头的沉沙效应，这里的海岸线自灯塔建成以来已后退约3 200英尺(1 000米)。今天海岸线的侵蚀大多是由海岸工程建造以及航道维护和拓展造成的，但在未来数十年，海平面上升将成为海岸侵蚀和海岸线后退的主要原因

上升的海洋

THE RISING SEA

[美] 奥林·H·皮尔奇　罗伯·扬 著
程　艳 译

海洋出版社
2015年·北京

图书在版编目(CIP)数据

上升的海洋／(美)皮尔奇(Pilkey，P. H.)，(美)扬(Young，R.)著；程艳译. —北京：海洋出版社，2015.9

书名原文：The rising sea

ISBN 978-7-5027-9242-8

Ⅰ.①上… Ⅱ.①皮… ②扬… ③程… Ⅲ.①海平面变化-普及读物 Ⅳ.①P542-49

中国版本图书馆 CIP 数据核字(2015)第 225781 号

图字：01-2012-2661

策划编辑： 江　波
责任编辑： 王　溪
责任印制： 赵麟苏

海洋出版社 出版发行
http://www.oceanpress.com.cn
北京市海淀区大慧寺路 8 号　邮编：100081
北京朝阳印刷厂有限责任公司印刷　新华书店发行所经销
2015 年 9 月第 1 版　2015 年 9 月第 1 次印刷
开本：787 mm×1092 mm　1/16　印张：11
字数：170 千字　定价：42.00 元
发行部：010-62132549　邮购部：010-68038093
总编室：010-62114335
海洋版图书印、装错误可随时退换

序　言

在过去的250万年中，庞大的大陆冰盖多次在地球的北半球扩展和消退。每次扩展，水凝结成冰，海平面下降；每次消退，冰融化成水释放出来，海平面再次上升。扩展与消退之间，海平面的落差幅度超过500英尺（150米），海岸线向着海洋或陆地移动数十英里。事实上，在地球漫长的历史中，海平面的升降起伏从来没有停息过。

那么，今天为什么会有这么多人对海平面微乎其微的上升感到焦虑不安呢？简单来说，这要归咎于人类自身的行为。今天的海岸线被人类史无前例地过度开发，即使极其微小的海平面上升都将使数百万人的生存面临重大威胁。

当前，由于海平面上升速度加快，我们在海岸线上建造的城市、港口、度假胜地，都将陷于危境。绝大多数规模庞大的基础设施几乎无法迁移；即使能够迁移，也会面临重重困难。一些沿海城市如迈阿密、新加坡等，海洋上升哪怕仅两英尺（0.6米），也必然会遭遇巨大洪灾，致使大批难民从地势低洼的三角洲向地势较高的地区迁移。一些位于沿海地区的居民，如阿拉斯加的因纽皮特族斯基摩人，印度洋的马尔代夫环礁岛居民和太平洋的图瓦卢人，已经在酝酿彻底搬迁；在密西西比三角洲，一些专家正在建议将部分社区整体搬移到地势更高的地区。

从某种角度来看，人类文明被海洋吞噬的情形并不鲜见。有充分证据显示，在美国现已沉入海底的大陆架上就曾居住过美洲原住民。人们在地中海海底也发现多个城市废墟，它们都是曾繁荣一时的陆地城市，其中就有尼罗河三角洲著名的古城亚历山大（造成该城淹没的主因不是海洋上升，而是一次直接导致地表瞬间灾难性塌陷的大地震）。一些古代的迁徙路线，如西伯利亚与阿拉斯加之间白令海峡的道路，早在数千年前就由于海面逐渐上升而最终淹没于汪洋大海之中。

目前海平面以每年大约 1/8 英寸（0.3 厘米）的速度上涨，人们很难察觉到这么微小的变化。也正因为如此，海洋上升的问题没能引起人们普遍的警觉。不过，那些常去海边的人就能明显感知近年来海平面所发生的巨大变化。例如，位于切萨皮克湾部分地区的居民社区已经全部搬离。在北卡罗来纳州外滩的朴次茅斯岛，由于海水侵蚀，那片曾被早期英国殖民者用作公墓的陆地已沦为盐沼地；而在南卡罗来纳州的查尔斯顿半岛，那些用来排泄地表水的旧管道由于多次历经海潮引发的洪水，目前大部分被堵塞。在马绍尔群岛，海水上涨造成的土地盐渍化已迫使该地区叫停了绵延数个世纪的园林作业：曾经被当地人栽种在家庭小菜园的果蔬，现在只能种植在装有泥土的 50 加仑（189 升）废弃油桶里。研究格陵兰岛和南极洲极地冰盖的地质学家们记录下来的数据也显示出海洋正在发生种种令人不安的变化，这些变化将对人类的生存产生重大影响。

一切迹象表明，人类应该对海洋上升造成的灾难性后果保持警觉并从现在开始着手应对。这也成为我们撰写本书的宗旨：对于海平面上升及其产生的影响，公众需要了解一些基本的、关键的事实以便做出明智的决策。目前我们的社会对海平面上升持有诸多怀疑，这在一定程度上削弱了公众对其严重后果的预判和关注。事实上，我们两位作者也正是在研究这个问题时才意识到大众对海平面上升缺乏了解，甚至存在错误严重的解读。比如一本儿童科普读物竟公然宣称格陵兰岛和南极洲的冰盖消融对海平面上升产生不了多大影响。该书作者不过考察了 200 英尺（61 米）的海岸线，但格陵兰岛和南极洲的冰盖一旦消融，海水上涨的高度绝对会超过他走过的这段距离。

我和罗伯·扬研究海洋和海岸发展进程的时间加起来已有 65 年。这些年来，我们俩曾多次参加有关海岸线是否遭受侵蚀的各种争论。罗伯的童年生活是在切萨皮克湾的弗吉尼亚州海滨渡过的，那里流传着一些岛屿神秘消失的故事，他一度对此非常痴迷。后来，他进入杜克大学并成为我的一名博士生，研究方向为北卡罗来纳州帕姆利科和阿尔比马尔海峡沿岸的海洋上升及其对周边湿地造成的影响。他发现，盐沼之类的湿地向内陆挺进与海洋不断上升是相互关联的，当然与森林火灾或海洋风暴也不无联系——森林火灾吞噬了阻挡海岸线后退的植被，而海洋风暴则摧毁了其前进途中不论是自然还是人为的阻碍。

我则成长于华盛顿州的沙漠之中，那里远离海洋。虽然后来迁居到靠近西海岸的地方，但我对海滩的第一印象却来自新泽西州的亚特兰大城，因为在海岸边喂鸽子实在非常惬意，让人流连忘返。后来我去了不少堰洲岛做考察，观察到种种海洋上升的迹象以及岛民正在改变的生活方式。在哥伦比亚太平洋沿岸的渔村，由于海洋上升的速度太快（因为陆地在不断下陷），家家户户都将房子设计成无须借助任何机械，仅需数人动手就可以进行搬迁的轻便样式。我和罗伯也对迪拜至德通纳高度开发的海岸进行过调查：那里海堤密布，高楼林立，岿然而不可移。海洋一旦大幅上升，那里的社区势必会遭受严重冲击。

我们希望借助本书指出这样一个事实：由于人类对自身行为不加节制，人类社会已经处在岌岌可危的悬崖边缘。我们必须要有长远的打算，并立刻、马上行动起来，理性地、有计划地应对海洋上升带来的种种挑战。如果到现在我们都还未采取应对措施，那么海洋上升带来的自然浩劫必然降临。是应对这个挑战，还是忽略它直至人类世界最终无可挽回地冲下悬崖？是时候做出抉择了。

目　录

第一章 悬崖边上

"百川归海，而海不盈……"

——《传道书》，第一章，第七节

海洋上升对人类造成的影响并非只是在将来，它已经发生了。在约克半岛和南澳洲，城市规划师们否决了修建大型住宅的提案，因为随着海水不断上涨，这些地区或将被淹没。在英格兰，同样因为海平面上升，政府相关监管人员已宣布彻底放弃伦敦东北部诺福克湖区的6个小村庄。在阿拉斯加的希什马里夫，海洋上升带来的毁灭性后果将迫使当地580名因纽皮特人迁居大陆。政府将为此斥巨资，支付每位居民高达数十万美元的搬迁和安置费用。在哥伦比亚太平洋沿岸的各堰洲岛，由于地表不断下沉，局部海平面上升极为迅速，将建筑物甚至整个村庄搬迁到地势较高的地方已成为区域性常态。在南非开普敦的乡村地区，政府准备划定一条蓝线，禁止居民们在蓝线向海一侧修建任何建筑物，因为那里很有可能被上涨的海水淹没。而在美国，海洋的扩张已使当局放弃对太平洋环礁地区的开发。在南加利福尼亚州，为减少海洋上升带来的威胁，政府已明文要求当地的城乡规划必须远离海岸线。

目前，已有充分证据显示全球气候正在变暖并引发海平面上升。海岸线将由于海平面持续上升而不断被侵蚀甚至消失。然而，许多社区、政府和开发商仍然在回避这一严峻事实。新加坡继续在其海湾地区填海造田以供开发。在迪拜，当地政府为求发展罔顾事实，竟然在波斯湾沿岸打造出一座座景象壮观的棕榈形人造岛屿供数百户人家居住。所有这些人造岛屿海拔极低，一次微小的海面上升就会给岛上居民的生活产生巨大影响。在美国佛罗里达州，地方政府一方面大手笔地投入数十亿美元修建人造沙滩、防波堤和海堤以求保住海岸线，另一方面却不遗余力地在那里大搞海滨开发，建造高楼无数。在密西西比三角洲，尽管近年来陆地持续下陷已使当地海平面加速上升，但联邦和州政府官员仍坚持认为绝大多数社区仍可以保留，无需搬迁。

全球变暖正持续发挥影响：北冰洋表面冰层、高山冰川大小、全球降雨与干旱天气模式、洋流路线等都在悄然发生改变。由于人类活动，被多种海洋生物当做栖息地的珊瑚礁向赤道南北自然生长蔓延的能力已大大削弱。而随着海洋变暖，这些珊瑚礁甚至可能加速退化。同样受到影响的还有那些靠近海岸线、对生态环境有着重要意义的盐沼地以及在海岸线上生长的暖水红树林：人类活动本已使其数量锐减，现在全球变暖引发的海洋上升又进一步挤压其生存空间，它们正加剧退化甚至不断消亡。此外，陆地上哺乳动物、鸟类、昆虫的分布和迁徙路线也在发生变化：一些物种将会灭绝；昆虫正向高纬度的北极地区生长繁殖。

全球变暖正在改变地球的自然环境并带来种种变化。毫无疑问，海洋增容以及海平面上升必然成为现在和未来发生最迅速、表现最显著、波及范围最广、对经济影响最大的变化。

海平面上升这一重大变化将会对人类未来产生至关重要的影响。在人类历史上，这样的影响不计其数，有的甚至成为经久不衰的传说。比如，柏拉图就曾讲到在他那个时代的9000年前，人类在一座名叫亚特兰蒂斯的岛屿创造了灿烂的文明，但不知何故这座岛屿最后消失在茫茫大海中。直到今天，一些文学家仍然抱有这样的观点：亚特兰蒂斯淹没在巴哈马群岛周边的海域。在这片地区的海底，那些长而窄的带状石灰石(实际上是黏结在一起的海滩泥沙)就是这座神秘古城的车马道遗迹或建筑物地基。也有一些作家秉持这样的看法：亚特兰蒂斯是毁灭于一场诸如火山喷发之类的大灾难。这场灾难不仅摧毁了这座岛屿，也同时给公元前1500年爱琴海上的锡拉岛造成灭顶之灾。当然还有一些人根本就不承认亚特兰蒂斯的存在，他们认为柏拉图编造了整个故事。

但无论如何，有个观点却被广泛认可，即在距今4万至6万年前的海平面远比今天低。那时，新几内亚和澳大利亚之间的大陆桥还未被海水淹

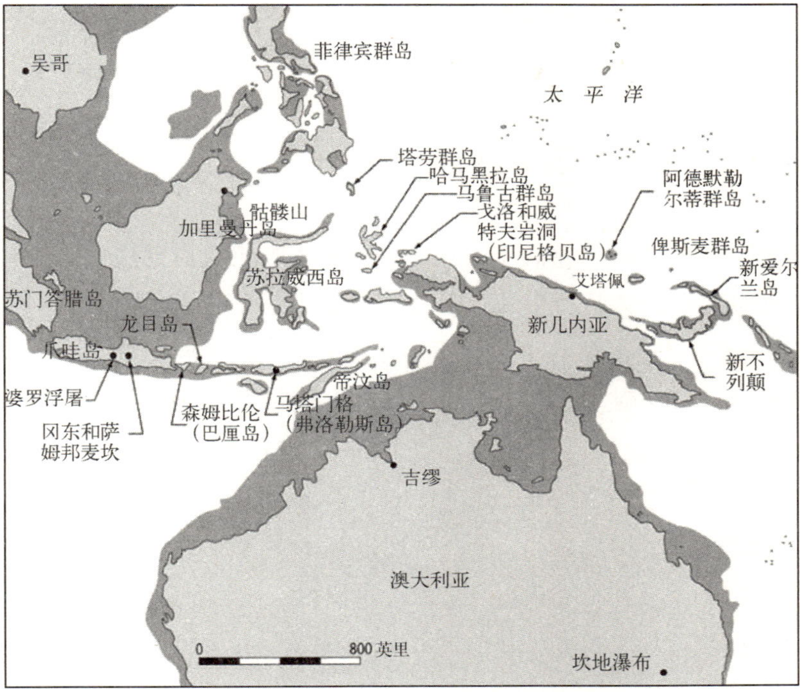

从历史来看，海平面的高度变化是决定人和动物迁徙的重要因素。图中深色区域是 40 000 年前的大陆桥，即新几内亚和澳大利亚之间的大陆桥，它一度是澳洲土著步行来往的要道。其他大陆桥也大多出现在冰河时期：那时海水冻结成冰，海平面下降，大陆桥裸露出来，如亚洲与北美大陆之间横跨白令海的大陆桥

没，澳大利亚的原住民步行其上，穿越海峡；部分原住民还从澳大利亚步行到东南边的塔斯马尼亚。而在 11 000 年前，美洲人的祖先正是利用当时海面相对较低的情况，从亚洲出发穿过白令海大陆桥并抵达美洲大陆。同一时期，石器时代的人们也借助大陆桥在英伦三岛和欧洲之间来回穿梭。后来，正如我们所知，随着海水上涨，这些古道终被淹没于汪洋之中。海平面上升在改变地球面貌的同时也改变了人类生活。

在我们这个时代，一些人类聚居区已经受到海平面上升造成的毁灭性影响。而随着时间推移，每一个拥有海岸线的国家都将面对节节攀升的海平面所带来的灾难性后果。在这个章节，我们只说说那些一旦海洋上升就会立刻受灾的人类聚居地的故事。讽刺的是，这些聚居地几乎还未发展现代工业，在全球变暖这个问题上本来无需承担多少责任，但事实上却深受其害。从这个角度来看，它们确实是当今这个工业世界最无辜的牺牲品。

北极群岛：无奈的放弃

在阿拉斯加，北冰洋沿岸的村庄大多是由数组政府建造的小屋构成。为防止北极寒风渗入，村里的房屋总是大门紧闭；外门和内门之间还特别修建了门廊，以防止有人打开外门时凛冽的寒风乘势卷入。外形上，这些房子与南太平洋环礁上那些常年经受海风吹拂的茅草房屋截然不同，但从海平面上升带来的后果来看，两者却面临相似的困境。

根据卫星测量结果显示，北冰洋的海平面正在上升，但这只是高纬度海滨居民们面临的困境之一。早些时期，北冰洋诸岛由于这里的海洋一年中大部分时间都处在结冰状态而免受海水侵蚀。然而，随着大气和海洋温度上升，阿拉斯加北坡沿线海洋的无冰期(通常只有2~3个月)延长至4~5个月；楚科奇海和白令海的海岸线以南，海洋无冰期持续的时间甚至更长。在这延长了的无冰期内，海岸线日复一日地遭受秋冬海上风暴带来的海浪冲击。

这里海岸沿线的山崖和海滩下面是永久冻土层(那里的土壤因结冰而坚硬)。夏季冻土融化，于是麻烦产生了：冰雪融水会带走黏结的沙土，使海滩丧失了一道屏障，从而加速海岸线侵蚀。由于海平面不断上升，这里海岸的情形可谓雪上加霜。

阿拉斯加沿海的两个村庄基瓦利纳和希什马里夫目前颇受世人关注。基瓦利纳所在地是北冰洋上一座8英里长(13千米)的堰洲岛，位于楚科奇海边科茨布地区西北部。这座400人的村庄原来只是因纽皮特人的冬季宿营地，现在已有人在此全年居住。目前，岛两侧的海岸线后退迅速。而且，由于基瓦利纳河上游“红狗”锌矿的开采，当地河水受到污染严重。村民们已经起草文书控告美国环境保护署，指责该机构没有切实履行净水法规。讽刺的是，这座锌矿本来就是“本地公司”自行在本土上开发的。

位于北极圈南部的希什马里夫也是楚科奇海边一座保持着原始生活方式的村庄。这个有580名村民的小村庄坐落在萨瑞切夫岛。该岛仅4英里(6千米)长，是希什马里夫堰洲岛链中的一座。

希什马里夫目前面临着何去何从的难题。摆在它面前的选择以及相关的讨论都值得我们密切关注。因为在不可预知的将来，位于海滨前沿的人类社区或都将面临同样的难题，希什马里夫的抉择也许可以为我们提供参考。对希什马里夫而言，我们预计将来发生的事情已经在发生；而对于身处缅因州至得克萨斯州各堰洲岛海岸前沿的社区来说，“将来”已迫在眉睫。

鸟瞰阿拉斯加希什马里夫因纽皮特人的村庄。海平面上升和冻原消融使海岸侵蚀严重，这座村庄面临严重的生存危机。注意村子前面的岩石护岸堤/防海堤(以及以前建造，现已被海水覆没的岩石防海工程)。搬迁这个580人的村庄至大陆将耗资1亿多美元。【图片由美国国家海洋和大气管理局提供】

希什马里夫的困境引发了全球关注。事实上，它已经成为北极地区在应对全球气候变化和海洋上升问题上的典范。自2002年以来，已有超过65名的媒体从业人员从远至瑞典和日本的地方来到这座偏远的岛屿做采访报道。从诺姆和科茨布乘小飞机即可抵达这座偏远的小岛。当地运输经理托尼·韦耶万勒热情好客，口才出众，这进一步使得该村在媒体眼中独具魅力。

希什马里夫是一座反差明显的村庄。2007 年 2 月，我们在阿拉斯加州地质学家欧文·梅森的陪同下来到这里。穿过保暖节能的门廊，迈过地板上刚刚宰杀的北极兔，我们走进事先租好的房屋。一具新近剥了皮已冻成硬块的驯鹿尸体悬挂在房前的露台上。房子里没有自来水，卫生间设施简陋，里边有一个放着水桶的浴室。但是房间里有两张十分舒适的沙发，沙发前还摆放着一台 40 英尺(100 厘米)的大电视，可以收看 50 个频道的电视节目。

这个冬日的希什马里夫之行迅速驱散了我们对这座村庄所有的疑虑，它确实还是一个保持着原始生存状态的地方。寒冷的季节在村子里步行，就好像走在一个巨大的冰柜里。家家户户的院子里都摆放着海豹、北美驯鹿和北极兔的尸体，要么被剥了皮，要么被屠杀分解；闲置的雪地车、雪橇和四轮车胡乱地放置在院中，各种废弃的家用物件被扔得四处都是，在雪地里若隐若现。肉和兽皮被村民们高置在搁架、露台或扶栏上，以防被那些游荡在村中的犬只偷吃或撕咬。村里有雪橇犬数十只，大多数不会对这些冻肉构成威胁。即使在最严寒的天气里，它们也始终被拴在铁杆上，把冲着过路人狂吠作为消遣。这座爱斯基摩人的村子在冬日里相当喧嚣，总是充斥着狗吠和雪地车的轰鸣。在夏季，这里也不会安静多少，因为四轮车会搭载着乘客和生活必需品在村里来来往往。

希什马里夫村民的日常食物中没有鲸肉，这点与他们住在阿拉斯加北坡波弗特海边的因纽皮特同胞不一样。因为村子毗邻楚科奇海大陆架，那里地势平坦坡度较缓，鲸鱼不会游近岸边，村民们自然也不会有乘着小船用鱼叉捕获鲸鱼的机会。村民们常常会从那些偶尔被冲上岸的鲸鱼尸体上获取鲸骨和鲸须，将它们雕制成工艺品出售给阿拉斯加州城市里的手工艺品小店。

当地村民赖以为生的食物包括鱼(鲑鱼、鳕鱼、白鲑、鳟鱼和鲱鱼)、麋鹿、麝牛、鸭、鹅、松鸡、海象以及各种浆果和绿色蔬菜。村里也有两家食品杂货店出售香蕉、橘子等其他食品。店里收银机内的美钞多半被用旧磨白，这也反映出当地与外界的接触极其有限。

希什马里夫海岸的潮差约为 1 英尺(0.3 米)。当极端风暴来临，产生的大海潮会推动海平面上升，甚至高出高潮线 8 英尺(2.4 米)。这种风暴潮一旦形成，往往会淹没大片海岛并卷走海岸上具有保护作用的沙丘。

希什马里夫村坐落在萨瑞切夫岛。19 世纪早期俄国探险家登陆该岛以前它被称为克吉克塔格岛。迄今为止，此岛有人季节性居住的历史至少已达 4 个世纪。在俄国人登岛初期，一位名叫奥托·冯·科茨布的中尉用一位船员的名字为海岛北端的入海口命名：希什马里夫，后来这个名字被进一步用来指称岛上新建的村庄以及村后的潟湖。直到 20 世纪初该岛还仅仅是爱斯基摩人的冬季营地。在温暖的季节里，岛上的人们总是离开该岛去别的岛屿或大陆捕鱼狩猎。今天，尽管岛上的村落全年有人居住，但这些爱斯基摩人的后代仍然保持着这种冬季驻留夏季外出的生活方式，有的甚至就居住在数百年前其先人建造的夏季狩猎营地里。19 世纪末，为南方金矿开采运送物资的船队常在希什马里夫的港口停靠卸货，也正是从那时起，村庄便开始全年有人居住。

正如一位当地居民在 2002 年的一则时事通讯中所描绘的，今天的希什马里夫村简直处在第三世界：“大多数家庭还没能用上自来水，家里也没安装排污管道。村里几乎没有道路等基础设施，新鲜食材昂贵，用于家庭取暖和交通的燃料供应不足，基础设施成本高昂。此外，海岸侵蚀也日益严重。种种困境犹如块块巨石沉甸甸地积压在每位居民心上，挥之不去。”

现在全球变暖还要把更多的难题加诸在这些生活已经极其艰辛的村民身上，我们不禁要问：“希什马里夫村的出路究竟在何方?”

方案一：原地不动，建造、维护并加固防海堤

这个方案带来的问题显而易见：由于海洋终年结冰层面积萎缩、夏季延长(无冰水域因而扩大)、海上风暴愈加频繁、夏季更多冻土层融化、海平面不断上升、海浪愈加凶猛等因素，希什马里夫村也必须扩大防海堤规模，否则将有更多村民遭灾受损。20 世纪 50 年代，海岸侵蚀开始成为当地公认的大问题。居民们采取了很多措施，尝试了各种办法来应对这个威胁生存的大麻烦。比如，他们曾使用废弃油桶和沙袋来垒砌防海堤。当令

人心生绝望的极端情况发生时，他们甚至从自家院子里抄起一切能拿走的什物，如洗涤盆、旧雪橇、废弃的雪地车等，将之扔进风暴掀起的滔天巨浪里，以期能压制海水奔涌的势头，缓减海岸承受的冲击。

1984年，人们在海边建造了一条由石笼（塞满石块的铁丝笼）垒砌、长达1700英尺（520米）的防海堤。石笼经受住考验，但是风暴潮却不断地卷走堤后的泥沙，海岸线越过海堤继续后退，尽管速度较之前有所减缓。曾经人们一度将每块重达25磅（11千克）的水泥砖用粗缆绳连接起来，形成毯状的海堤覆盖并抵在海岸沙丘的向海面。为了防止海水结冰向上挤压，这片海堤被设计成略微弯曲的形状。可是还不到一年时间，大部分采用这种方法建造的海堤就不能发挥作用了（其中一部分甚至还在修建时就发生垮塌）。

正如地质学家欧文·梅森所说，岛上各种海堤建造实际上进一步恶化了希什马里夫的生存环境。几乎所有类似沙丘这样的天然保护屏障都因海堤建造而消失殆尽。海堤前面的沙滩变得越来越窄，越来越陡，这反而加强了风暴潮的威力。到2007年，建有海堤的地区，其海堤两侧都出现海岸线后退的情况。以目前海岸线后退的速度来看，10年以后希什马里夫村就将只是茫茫大海中一小片突出的陆地，而后它将一步一步被海浪冲蚀、吞没。

到2006年年底，大约已有3400万美元投入希什马里夫的海堤建造，而其中一条石堤的造价就高达1600万美元。在这3400万美元的造堤费用中，当地居民没出一分钱。虽然建造防海堤不过是防止海岸进一步侵蚀的权宜之计，但如果要让一座不足600人的小村庄来支付这笔费用，那未免过于天真而不切实际了。如果是在毗邻的其他各州，要如此不计成本地为一个海边小村投入巨资以维系其生存那是万万行不通的。因为与其建造防海堤还不如将当地居民从危险地区迁出另行安置，而后者的花费远远低于前者。但是，对这样一座仅能保持原始生存状态的村庄，政府却采用了不同的标准。

方案二：留守该岛，但将房屋搬至他处，因为海岸侵蚀威胁住房安全

1997 年经历一场大风暴以后，该村已有 18 所加宽尺寸的小房屋搬离海岸。然而，数十年来由于海岛近海区具有防护作用的沙丘在不断消失，实际上无论居民们将房子搬到哪里，只要不离开海岛，仍将面临风暴型洪涝灾害的威胁。无论整个希什马里夫社区在海岛上如何搬迁，似乎唯一的命运就是躲在越建越庞大的防海堤后面，杂乱地挤作一团。

如果以上两个方案中的任何一个被选作希什马里夫村未来的出路，在岛上为居民们搭建风暴避难所就势在必行。此外，还必须制定出可靠的岛屿撤离计划以便居民们即使在没有事先通知的情况下(甚至遭遇极端天气时)也能顺利撤离。

方案三：搬迁至安克雷奇、诺姆或科茨布

当然，迁入一个更大的聚居区意味着把自己的生活方式画上句号。希什马里夫的发言人托尼·韦耶万勒曾就此做出这样的呼吁：“我们已经丢失了自己的语言，我们也失去了自己的舞蹈，但我们还没有失去我们这个群体的生存特征。这一点我们必须坚守到底。”

这是个复杂的问题。诺姆地区(3540 人)和科茨布地区(3230 人)倒是愿意接收这里的村民，可仅仅拥有狩猎和捕鱼技能并一直以此为生的希什马里夫村民将何以在“大城市”里谋生呢？在这种情况下，不言而喻，酗酒的借口就会滋生。爱斯基摩原住民历来都有酗酒的坏毛病，这也是包括希什马里夫在内的绝大多数爱斯基摩村庄决定禁酒的原因。

方案四：搬迁到附近村庄

大量人口迁入邻村很可能会破坏当地人赖以为生的狩猎和捕鱼秩序，因为人口激增会使当地自然资源变得不堪重负。此外，两个村曾长期同处一地，它们之间可能还存在长期竞争所造成的敌意。

方案五：搬迁至大陆地区

2003年美国审计总局发布的报告认为：阿拉斯加州有四个社区因为面临洪涝灾害和海岸侵蚀的威胁急需另寻他地重新安置，希什马里夫村就是其中之一。其实早在1973年该村在连续遭遇数次风暴袭击后就开始认真考虑搬迁问题。这个想法在随后数十年滚雪球般地获得越来越多的认同，终于在2002年7月，村民们决定就此事进行投票表决。即使大家认识到即使一切进展顺利，彻底搬离也需花上15～20年时间，但搬迁的选择最终还是以压倒一切的票数胜出。让人惊奇的是，村里年轻人在搬迁问题上竟然比老年人更不情愿。安置地点最终敲定在西兰塔格。此地位于大陆西南方，对面有一个宽约5英里(8千米)的潟湖。

搬迁至西兰塔格就是希什马里夫村目前"胜出"的决定。人们将在隆冬季节将所有可移动的建筑结构通过结冰的潟湖运送至对岸。要在大陆的永久性冻土层上修路造屋，还需要砾石，可以从周边美国国家公园管理局辖区内的火山岩露头中获取。美国陆军工程兵团还计划用岩石为新来的居民们建造一个宽阔的大码头作为港口。后者似乎并无必要，因为现在新希什马里夫村即使没有这样的港口也逐渐兴旺起来。

根据美国陆军工程兵团2004年的调研，上述所有方案无一不花费高昂。搬迁至大陆的成本为1.8亿美元；留守本岛则预计需1.1亿美元；安置在诺姆地区要9300万美元；搬至科茨布地区预计会花上1.14亿美元。

大陆上新建的村庄预计将安置186户人家。在希什马里夫村现有的家庭中，有137户会在潟湖结冰期搬迁，每户预计花费30万美元；一些拥有新型模块化房屋的家庭则会从西雅图出发，通过驳船将房屋搬运至安置地，每户预计也将花上30万美元。此外，在安置地修建供水、排污、供电、取暖等公用设施还将产生额外支出。这将是一笔不小的数目，因为在极北地区搞任何建设都是成本高昂，联邦政府将为所有花销买单。

基瓦利纳(希什马里夫以北的一座姐妹城)搬迁的预估成本大概和希什马里夫相似。当地官员似乎并不认同陆军工程部的成本预算，认为其预算过高。但站在本村的角度看，这可能只是故作姿态，目的是为了缓减国会在面对这笔庞大的搬迁费用时可能产生的担忧。这些小村庄都明白国会的担心不是没有道理的。陆军工程部长期以来花钱大手大脚，承建的工程质量堪忧，这几乎是众所周知的事。最近卡特里娜飓风在新奥尔良造成大堤垮塌的惨剧就很能说明问题。不过，这个机构是政府应对海洋上升问题的主力军，而且财力雄厚，所以成为这些小村庄主要诉求的对象。

基瓦利纳在搬迁问题上走得更远。2008 年，该村决定起诉 9 家石油公司，14 家电力公司和一家煤炭公司，要求法庭判决这些公司支付其搬迁大陆的所有费用。村民们的理由如下：这些公司对当地海岸侵蚀负有不可推卸的责任，因此，它们理应给予该村经济补偿。当地官员在起诉书里指出：这些公司排放大量二氧化碳导致全球变暖，全球变暖继而造成海平面上升，而海平面上升则直接威胁当地居民的生存。

一直以来，在一些发展中国家的堰洲岛，搬迁是当地居民在面临类似生存威胁时采取的最佳办法。如果准备充分，在温暖季节进行搬迁花费不了多少。在哥伦比亚，有一些位置偏远的太平洋堰洲岛由于受附近安第斯山脉链地壳运动或造山运动影响，海平面上升的幅度比较大。据一项对布埃纳文图拉湾附近索尔达多岛的研究显示，每个世纪当地海面上升的幅度约为 10 英尺(3 米)，而绝大多数海水猛涨的情况都与地震有关。由于地震(常伴随小型飓风)往往导致岛屿在一夜间就下沉 3 ~ 4 英尺(0.9 ~ 1.2 米)，岛上的村庄通常都会在地震后选择搬迁，而周边地势较高的岛屿就是搬迁的目的地。这些村子的房屋都由面板拼装而成，可以快速拆卸、搬运。就这么一块一块地，整栋房屋很快就能被转移到新的安置点。

在西非尼日尔河三角洲沿岸，为应对海洋上升，当地居民将房屋设计成可以快速搬迁的样式。由于当地石油和地下水开采造成或加速地面沉降，海水上涨特别迅猛，这使三角洲海岛的海岸地带侵蚀加快，造成其海岸线年均后退约 50 英尺(15 米)。尼日尔河三角洲拥有世界最宽阔的堰洲岛岛群。这里的岛屿通常宽约 3 英里(5 千米)，岛上均有被茂密的热带雨林覆盖的地区，很适合沿岸村民们搬过来居住。但无论是在尼日尔还是哥伦比亚，在岸边居住自有在岸边居住的好处，其中之一就是岸边总是海风习习，这使疟蚊叮咬人体的几率大大降低。

努力求生的希什马里夫村好歹还有财力雄厚的国家在背后支持，而在哥伦比亚和尼日尔，面临相似困境的村庄就只能依靠自己求得生存了。至于美国政府最终是否心甘情愿地为每位希什马里夫村村民出资 30 万或 40 万美元以帮助他们实现彻底搬迁，这还有待观察。对美国这样的现代化国家而言，显然这些边境地区的原始小村有着自己独一无二的特点，算得上是美国本土文化的代表。再加上托尼·韦耶万勒以及像他一样有志于保护本土文化的人的奔走呼告，希什马里夫村极有可能在另一个地方妥善地保存下来。或许它今后还能成为原样重建的典范，让排在它后面的另外 48 个沿海村庄羡慕不已。在未来的数十年，从堰洲岛搬迁至大陆的做法或将在这 48 个村庄中普及，但其他沿海地区的居民可能就得为择地搬迁自掏腰包了。

太平洋环礁岛国：无处可去

环礁是海洋中呈环形分布的珊瑚礁，中间围有潟湖。环礁岛椰树参天，潟湖湛蓝，其壮观的景色向来颇受好莱坞青睐。在一部影片中，查尔斯·达尔文乘坐皇家舰船“小猎犬”号在太平洋的环礁海岛周边巡游，他常常倚着舰船扶手陷入沉思，大概就是在思考环礁岛的成因吧。在他看来，太平洋火山岛中部塌陷下沉，仅余周围一圈珊瑚礁外露在海面，如此便形成眼前的环礁岛。然而这一个个美丽的天堂之岛现在遇上了大麻烦。随着海洋上升，环礁岛（大多位于南太平洋上）本应列为这些岛国头号重点保护对象，然而现实却令人尴尬。

与北极沿海村庄和孟加拉国的濒危地区相似，目前这些环礁上有人居住的地区海拔只有 3 英尺（0.9 米）。孟加拉国因海平面上升受到影响的人口约有 1500 万，而环礁岛国在这一数据上就显得微不足道了：其中，基里巴斯约 28 000 人，马尔代夫约 269 000 人，马绍尔群岛约 58 000 人，托克劳约 2 000 人，图瓦卢约 10 000 人。

但环礁岛国所处的困境与其他遭受海洋上升威胁的国家或地区有很大不同：它们的海岛居民无处可迁，岛上也没有地势更高的地方可供躲避。

这些资源匮乏的小国几乎都由数个环礁岛屿构成，岛与岛之间距离较远，海岛与周边任何大陆更是相距遥远。地理位置限制了它们的生存，这种情况悉尼大学地理学者约翰·康奈尔称之为“距离的制约”。

此外，这些弱小的环礁岛国绝大多数都仅仅维持着基本生存（发展高端旅游经济的马尔代夫除外），没有别的资源可供开发以帮助它们在经济上应对海洋上升的困境。在这个全球化和倡导自力更生的时代，环礁岛国几乎完全依赖周边大国，如澳大利亚、日本、新西兰、加拿大、美国等求得生存，但这些大国的支持正在日益减少。而岛民们若要迁往大陆，也将面对若干具体问题。其中之一就是潜在的接收国家越来越青睐具有专业技能的移民，而环礁岛的居民显然并不具备这个条件。正如希什马里夫的因纽皮特人在搬迁后所面对的困境：尽管他们精通狩猎捕鱼之道，但在工业化的现代社会中，这些技能可能毫无用武之地。

尼奥环礁的卫星图像。该环礁位于法属玻利尼西亚境内，岛上人口136人。查尔斯·达尔文首次提出这处环礁的成因：由于海上山脉沉降于水下，其周围的珊瑚礁保持生长，规模逐渐扩大而形成环状珊瑚礁岛屿。当前一些环礁拥有居民数万，但随着海洋上升，这些居民会很快搬离。土地盐碱化、风暴肆虐、植被破坏、洪涝灾害，是岛上居民背井离乡的主要原因。【图片由萨里卫星技术有限公司（SSTL）提供，版权为欧洲航天局（ESA）所有，本书授权使用】

海洋上升对于环礁岛上的居民而言绝不仅仅是个抽象概念，他们要面对现实的国家主权和本族文化丧失的危机。目前所有环礁岛国都在考虑进行大规模的居民搬迁，走得最远的是基里巴斯——其首都塔拉瓦在第二次世界大战中颇负盛名。图瓦卢和马尔代夫政府也有此考虑。

卡特雷特环礁(2007 年人口约 1 600)已经在开始进行居民搬迁。它位于新几内亚附近，不具独立主权。该环礁由数个小岛构成，呈马蹄形，总面积约为 0.6 平方英里(1.6 平方千米)，距所罗门群岛的最大岛屿布干维尔岛约 260 英里(418 千米)。由于地处活跃的构造带附近，与绝大多数太平洋环礁相比，这里海平面的上升有可能更快。目前海岸侵蚀已造成部分岛屿面积迅速缩减，有些环礁岛几乎每隔数月就会被风暴潮淹没一次。长期的海水泛滥已经毁掉了岛上的果树，居民们的主食只有椰子和海产品。1990 年，中国台湾的一家渔业公司来此捕捞砗磲，几乎将当地居民的这一主食打捞一空。

20 世纪 90 年代，布干维尔岛陷入内战(当地试图脱离巴布亚新几内亚获得独立)，战争造成的难民纷纷登上卡特雷特环礁岛。急剧的人口增长造成当地食物短缺，进一步恶化其食品供应体系。更糟的是，为了解决食品问题，有人开始在附近的珊瑚礁使用炸药捕鱼。这种捕鱼方式偶尔会有不错的收获，但却极大地破坏了这里的生态环境。

1989 年，这片行将消失的环礁岛上有 10 户人家在澳大利亚政府的帮助下搬迁到布干维尔岛，成为全球变暖趋势下我们这个时代首批因海平面上升而被迫迁居的难民。他们被安置在当地一所监狱附近，远离打小就熟悉的海洋。他们不得不学习陌生的农业技术和知识，耕种陌生的农作物，饮用陌生的食物，倾听数十种陌生的语言，在这样陌生的环境中他们不得不挣扎求生。据观察员报告，村里的女人们常常会徒步走到海边，长久地凝望大海，神情凄楚而绝望。这日子没过多久，由于生活窘迫以及内战使原本恶劣的生活条件进一步恶化，他们又搬回了家乡，但这也只是暂时性的，海洋上升最终还是迫使他们重返布干维尔。

目前，巴布亚新几内亚当局正在寻找合适的地点来安置卡特雷特环礁岛上的所有居民。由于内战造成土地所有权管理混乱，这一重置计划还面临着重重困乱。环礁岛上的居民担心他们也会像第一批的 10 个家庭一样被安置在内地，远离他们熟悉的海洋和熟悉的生活方式。但不管怎样，搬迁现在还不能进行，还得等上一段时间。最近，一些去当地探访的人回来说，那里的孩子们大腹便便，发色迥异，明显长期营养不良。

在环礁岛居民搬迁问题上广受媒体（西方媒体）关注的是环礁岛国图瓦卢。该国位于澳大利亚和夏威夷之间，由分布在 289 600 平方英里（750 000 平方千米）海域的 8 个环礁岛屿构成，领土总面积为 9.7 平方英里（25 平方千米）。近年来，当地洪涝灾害愈加频繁，海上风暴不断吞噬土地，岛上的生存条件益发恶劣。在此情况下，新西兰实施图瓦卢难民安置计划，其目标是让全部 1 万名图瓦卢人逐步搬迁、安置到新西兰。

1/3 以上的图瓦卢居民目前生活在面积略超过 1 平方英里（2.6 平方千米）的富纳富提岛。图瓦卢全境的最高点约为海拔 13 英尺（4 米），但绝大多数可居住区域仅高出海面 3.3 英尺（1 米）。近数十年来，当地人口增长较快，本地农业和自然海产资源难以负荷，对食物的进口需求呈现攀升趋势。图瓦卢没有制造业，也没有旅游业（除了最近出现的全球变暖旅游项目——来此观光的主要是科学家和媒体记者），国家经济增长主要依靠那些迁居澳大利亚或新西兰的图瓦卢人寄回家乡的钱财，不得不说这颇具讽刺意味。

有些办法可以暂时用于解决环礁岛上的生存问题。提倡使用太阳能做饭可以减少当地树木的砍伐量，从而保护了具有屏障功能的红树林；改进集雨设备的蓄雨功能，使居民减轻对逐渐盐化的地下水的依赖；为避免土地盐渍化危害作物生长，可效仿马绍尔群岛的马朱罗环礁岛居民，将蔬菜种在填上泥土的废弃油桶里；建造具有保护作用的防海堤或护岸堤，虽然这对绝大多数环礁岛国而言显得过于昂贵而有些不切实际，但无论如何，对有条件的国家而言这不失为一个能暂时减缓海岸侵蚀的好办法。

有些图瓦卢居民把目前遭遇的困境上升为人权问题。他们认为工业化国家存在过错，因为它们制造了过量的二氧化碳，引发了海洋上升。由此他们进一步指出，那些富裕的大国（主要是西方国家）欠太平洋岛民们一个合理解释。有趣的是，美国阿拉斯加基瓦利纳的因纽特人已经在进行起诉了，而他们的同胞——加拿大的因纽皮特爱斯基摩人也准备采取相似举措，打算联合太平洋岛民起诉西方大国那些制造并排放二氧化碳的大公司。

很明显，海洋上升造成图瓦卢大量土地永久性消失，而这类情况多始于20世纪90年代。如果从那时追溯至今，人们会毫不意外地发现岛民们现今面临的一些危机正是由于他们自身的行为而不断加深。一些岛民砍伐海岸边的红树充作柴火，这种行为间接加速了海岸侵蚀。数世纪以来，卡特雷特环礁岛上的居民都在附近海滩上采砂建屋，即使今天也依然如此。采砂活动遍布全岛，使海岸承受巨大的人为压力。在海滩上采砂本身就是一种海岸侵蚀活动，在海洋上升时期，这种行为更具破坏力。遗憾的是，几乎世界各地的海滩都在采砂，这加剧了海洋上升对海岸地区的负面影响。

但是，并非所有环礁岛小国都对未来心存绝望。最好的例子就是马尔代夫。这个印度洋上的岛国由22座珊瑚环礁和1 200余个珊瑚岛组成，可以说国境全线处于海洋包围中。它未来如何应对海洋上升可以为其他环礁岛国提供参考。目前，不断上升的海洋即将淹没这个岛国。马累，作为马尔代夫首都的马累市(人口约10万)，已经在来自日本的资金支持下在整个城市的周围建起厚实的防海堤。

马尔代夫拥有兴旺、高端的旅游业。其前总统穆蒙·阿卜杜勒·加尧姆曾就气候变化将对本国旅游业造成的负面影响表示深切关注。在1992年联合国的地球峰会上，这位总统在发言中说：“今天，我作为一个濒危民族的代表站在各位面前。有人告诉我们由于全球变暖和海洋上升，我的国家，马尔代夫共和国，将在下个世纪的某个时候从地球表面消失。”当时全球变暖几乎还没成为共识，这位总统的呼声听上去就像是略带戏谑的调侃。

这样的呼声在今天听上去并不过分。为了应对海洋上升，这位前总统已经下令提升了人造岛呼鲁马累的高度，使其成为国人的避难所。岛上在高出其国土数英尺的地方新建了一所医院，数个学校以及一些政府大楼和居民住宅。人造岛建成于2003年。当时，政府动用了一艘庞大的挖掘船不断地从海底掏出泥沙然后将之填入水浅的潟湖，逐渐堆出了这个抗洪耐涝的人造岛屿。今天，岛上已有数千居民，而加尧姆的目标是吸引至少5万人来此居住。

2008 年，穆罕默德·纳希德成为马尔代夫第一位民选总统。他首批出台的计划之一就是在斯里兰卡或印度购买一片土地。他希望能够在这片新土地上重建国家。

其他环礁岛国不大可能像马尔代夫一样拥有雄厚的财力去建造人工岛或筹划国家的择地重建。本国的自然岛屿逐渐消失后，国民们就只能困守海上的人工平台艰难求生。这些国家得问问这样的生活是否就是国家的最终选择。如果围绕自然岛屿的活珊瑚礁也随之消失，居民们又将怎样寻求生存？那些一度为海岛经济注入活力的旅游者们还会来此参观吗？

别了，威尼斯

与威尼斯(Venice)相比，希什马里夫和图瓦卢因地偏人少，受此影响的人口和公共设施数量简直可以忽略不计。在全球遭受海洋上升威胁的所有地区中，它们灾情最轻。而威尼斯，一座建立于 15 世纪却看不到将来的古城，情况却是另一个极端。在当今世界，威尼斯恐怕是海洋上升危机表现最严重的地方。

威尼斯位于意大利北部亚得里亚海的一片潟湖中，三座堰洲岛连成一串岛链将这片潟湖与大海隔开。20 世纪，由于全球海平面上升、构造沉降以及地下水开采压实底层沉积物，威尼斯周围的海平面上升了 10 英寸(25 厘米)。洪水是该城目前面临的最大威胁。每当风暴来临，潮水就会咆哮着冲向岸边，挤过堰洲岛入海口，涌入潟湖，威尼斯城便沦为泽中之国。规律性的大洪水使城市建筑的地基周期性地浸泡在海水里，而那些更加频繁的小洪水也在侵蚀城市地基，使原本就严峻的问题雪上加霜。随着海平面越升越高，洪水也愈加频繁，要想保住这座有重要历史价值的古城恐怕将难上加难。

仅仅在 1990 年一年的时间里，威尼斯著名的圣马克广场便被洪水淹没了 7 次。到 1996“大水年”(当年 11 月 4 日发生特大风暴)，威尼斯全年洪水次数高达 99 次。时至今日，圣马克广场一年中大约有 1/3 的时间浸泡在水里。2008 年 12 月 1 日，这里还发生过 22 年内的最大洪灾。当时亚得里亚海上掀起狂风巨浪，大量海水灌入潟湖，酿成史载的第四大洪水。

人类活动如挖掘航运通道、建造泥沙分流码头等进一步加重了海上风暴对当地海岸的影响。在这一点上，威尼斯的情形与密西西比三角洲颇为相似，后者详见第八章。

威尼斯现有的防灾方案呼吁在风暴潮涌入的堰洲岛入海口上建起巨型闸门。这些预计将花上30亿美元的闸门会在风暴来临前关闭，以切断风暴潮涌入潟湖的途径。而对方案持反对意见的人则认为随着全球变暖，海平面上升和海上风暴会更加频繁，几乎成为不可逆转之势，闸门关闭的时间必然因此延长。这将减少潟湖湖水的循环流通，使本身已经高度污染的生态环境更加恶劣。

威尼斯城市人口已从1996年的12.1万人下跌至2009年的6.2万人，目前这一数据还在下滑。每日来此观光的游客数量已接近其城市人口总和。威尼斯这块历史瑰宝势必要放弃吗？

对希什马里夫而言，村民们只需在冬天跨过结冰的潟湖将房屋家什搬迁至大陆的安置点（每人花费数十万美元），海洋上升危机就立马得到解决。抛弃一切——房屋、村庄、岛屿以及国家，搬迁至新西兰，图瓦卢的岛民们也能马上摆脱海洋上升造成的生存困境。随着海平面持续上涨，威尼斯的出路恐怕就是从现在起立刻停止发展，即使这里已经装上防潮闸门。数十年后，当这里的人们对泛滥的洪水已经忍无可忍时，可能就会有意大利或世界其他地方的城市大声求助，以求阻止这座城市被不断上升的海洋吞噬。接下来人们或会筹谋搬迁或抬高那些年代久远的历史建筑，巨大的资金支出自然必不可少，可这个数目将庞大得让你无法想象，即使政府愿意略施援手却也断然不会将其纳入财政的优先考虑。

在美国，海洋上升引发的相关问题将在未来数十年中成倍增长。这个国家还能继续依靠修建昂贵的海防工程来保住墨西哥湾海岸和亚特兰大堰洲岛的海岸地区吗？对那些继续在侵蚀的海岸线上大搞建设的人，公众还会愿意为他们轻率的行为买单吗？从受灾后果的严重性来看，对波士顿、曼哈顿、费城、查尔斯顿、迈阿密、加尔维斯顿以及其他十来个美国主要海滨城市的保护是否应该优先于堰洲岛的海滨度假区呢？

荷兰庞大的风暴潮防御体系局部图。与任何其他国家相比，荷兰在应对海洋上升方面做了更多准备。这个国家面积狭小且无高地可供躲避，因而对工程防御体系青睐有加。【图片由三角洲工程网络基金提供，版权所有者为荷兰水运局——地理信息与信息通信技术推荐服务机构】

第二章　海洋为什么上升

这里，你无法感受到甜美与神秘，
那看似宁静的海面在起伏搅动，
似乎水下隐藏着不安的魂灵。

——赫尔曼·梅尔维尔，《白鲸记》

来自国家海洋和大气管理局国家气候数据中心的数据显示，北半球2007—2008年的冬季是自2001年以来最冷的冬季。这立刻使得那些反驳全球变暖的声音再次席卷而来。这种因为气温的轻微起伏，认同或反驳全球变暖的舆论就呈现一边倒的情况总是让我们目瞪口呆。极小的温度变化确实会造成截然不同的后果，但全球气候变化的总趋势却很难由某次气温变化来归结。在我们看来，人们无须借助任何温度数据就可以发现地球正在变暖。

那种通过测量最近几年或数十年的温度来证明气候变化趋势的做法我们向来不敢苟同。要测量何时的温度？白天的最高温？夜间的最低温？夏季的高温？还是冬季的低温？对于地球上那些无法或只能获得模糊温度数据的地区又做怎样的处理？如果仅以这种测量方式就可以判断地球是否在变暖，我们认为后果是极其危险的。

是的，无须借助千万次的气温测量我们就可以判断地球是否正在变暖。地球能为我们提供平均值：这个星球很多物理和生物特性都可以反映出长时期气温变化的平均趋势。例如，在南北两个半球都发现高山冰川在后退。蒙大拿州国家冰川公园里的冰川已从1850年普查的150座减少到今天的26座。如果这一趋势继续保持，到2030年这个冰川公园里将再无冰川可言。到那时公园恐怕就得改名了。

佛罗里达州迈阿密市一处桥台上海平面上升的证据。桥台上藤壶和牡蛎的位置在32年间发生的变化显示出海平面上升了6英寸（15厘米）。桥台上的物种在最后一次拍摄后发生改变，这种记录海洋上升的证据不再延续。【图片由哈尔·万利斯提供】

乞力马扎罗山那座因海明威短篇小说而闻名世界的大型冰川——富特文格勒冰川极有可能到2025年就会消失。喜马拉雅山脉的冰川也在快速消退，那些以此为发源地的大河（恒河、黄河、长江）其流量将会受到极大影响。随着北半球高纬度地区的永久冻土带逐渐消融，当地建筑将下沉、道路会破损，基础设施将出现各种各样的麻烦。最近北冰洋上的冰块逐渐变薄并消失已引发大量问题。一直在该地区进行监测的科学家们近年来首次在北极发现无冰海域。如此下去，圣诞老人恐怕也得搬家了。

这些证据背后就是本书要告诉人们的事实：全球的海平面正在上升。无论是遍布全球的验潮仪记录的不断上升的数据，还是全球海岸线上激增的受侵蚀海岸的数量，都清楚地说明这一事实。所以大可不必埋头计算全球平均温度值并以此证明全球正在变暖，只需观察它在我们身边制造的种种影响就可以得此结论。

赤道附近的乞力马扎罗山已成为关注全球气候变暖问题的代表性地点之一。照目前趋势，非洲这座唯一有冰峰的山脉将在10年或20年内变成无冰之山。【图片由美国国家航空和航天管理局(NASA)提供】

本章将列举并分析决定海水总量和海平面升降的主要因素。尽管全球变暖是引发当今海洋水量大增的主要原因，但我们不打算再在地球是否逐渐变暖这个问题上多费唇舌，因为全球变暖确实是事实，毋庸置疑。

海洋起源

地球是一颗名副其实的水行星。水主要以海洋和其他大型水体的形式存在，覆盖了地球表面的71%，另有1.6%的水蕴藏在地下的含水层，此外还有0.001%的水以水蒸气的形式存在于空气中。今天，海洋的面积约为1.4亿平方英里(3.6亿平方千米)，平均深度约3英里(5千米)。过去，水覆盖了比今天更广阔的地球表面。

海洋是生命的母亲，它孕育生命30多亿年，才有生命从海洋到陆地的发展。早期地表缺乏对生命有利的大气环境，海洋便成了孕育生命的场所。海洋早期形成的生命体中出现了能吸收阳光的单细胞植物，它们通过光合作用(植物通过阳光制造食物的过程)将阳光转换成氧气并将之释放到大气中。富氧大气层和臭氧遂逐渐形成，阻挡了太阳的有害辐射，为水生生物向陆地发展创造了条件。同时海洋通过自身复杂的循环模式，将赤道产生的热能往两极带动，使地球实现自我冷却。

绝大多数科学家都认为地球在形成之初既炙热又干燥。早期地表的任何液态水都会因地表灼热的温度而蒸发为液态。随着地球逐渐冷却，水得以以气体的形式留存于大气之中，并最终以液态水的形式回归地表。但是，如果地球一开始便没有水的存在，那么海洋这多达 3.22 亿立方英里(13.7 亿立方千米)的水又来自哪里？

这个问题到目前为止仍然存在争论。部分水资源可能是由地球火山爆发时所产生的水蒸气凝结而成——该过程被称之为释气，但这应该不是地球上巨大水体的主要来源。目前科学界初步达成的共识是地球其他水资源为太空中含水量丰富的彗星和小行星撞击地球后产生。这部分水资源应该在地球形成的早期就出现了，因为那个时候的太阳系正充斥着其他行星在形成时产生的各种太空物质。地球上绝大部分水源自太空，这是一个相当不错的解释。

海洋大约在 40 亿年前形成，此后不久，最早的生命体——低等的单细胞生物便出现在海洋里。早期的地球在外观上与今天有很大不同：任何一块陆地的面积都非常小，而刚形成不久的海洋几乎遍布整个地球表面。随后，陆地的面积逐渐扩大，海洋面积则相对缩小。尽管如此，地球的整体含水量基本保持稳定。

大陆和海洋动力学

让我们再次假设一下，如果清除所有的地表水并排空海洋，地球将会是怎样一幅景象？你可能发现地表有很多又大又深的盆地被相对高一些的陆地分隔开来。人们都知道河流会冲蚀地表形成峡谷，但这些盆地并非海洋侵蚀地表而成。确切地说，它们是板块构造的结果，板块构造对海平面的变化有着重要影响。

由于构成大洋地壳的岩石与构成大陆地壳的岩石有所不同，大洋盆地在海拔上相对较低。根据板块构造学，地球是由不同的岩层构成：上层是岩石圈，岩石圈下是软流层。岩石圈(包括地壳和上地幔)较硬，相对较冷；软流层柔软，相对较热。两种岩层的不同特性导致岩石圈容易在软流层上"漂移"。

地球的岩石圈，简单说来，有两种基本形式，即较厚的岩石圈和较薄的岩石圈。大陆地壳是较厚的岩石圈，主要由密度相对较小的花岗岩和流纹岩构成；大洋盆地的地壳则是较薄的岩石圈，主要由玄武岩和辉长岩构成，这两种岩的密度较前两种岩石大。大洋岩石圈的这种大密度特性使其更容易沉陷到下面柔软的软流层中。

只要有这种密实的薄岩石圈往下方软流层沉陷的地方，必然就有大洋盆地；只要有密度相对较小的厚岩石圈在软流层上方保持相对稳定的地方，必然就是大陆之所在。由于水总是在往低处流，地球上绝大多数的水便都汇集在岩石圈沉陷形成的低洼处从而形成海洋。因此，海洋的大小并不是海水侵蚀地表所造成，确切地说，它取决于不同岩石圈不同的岩石构成，这一点也可以通过板块构造运动来加以说明。

板块构造学说认为，构成地表的岩石圈并非整体一块，而是分裂成许多块，那些厚约62英里(100千米)移动着的大岩块被称为板块。板块位于部分呈液态的软流层之上，因而总是处于"漂移"的恒动状态。运动中的板块或彼此碰撞，或滑移错位，或相互拉伸。板块的边界，从地质学角度讲，就是构造运动发生之处，地球上的火山喷发和地震大多发生于此。通过各种复杂的相互作用，板块运动既可以形成新岩石圈也可以消耗旧岩层。此外，当板块发生碰撞时，就会在碰撞合拢处挤压出高山峻岭(比如喜马拉雅山)；当板块逐渐拉抻分离时，分离处地表凹陷形成新的大洋盆地。板块运动对长期性的海平面上升有着影响。

有意思的是，大陆岩石圈一旦形成便很难消失；而非常密实的大洋岩石圈因不断往软流层中下陷反而容易消亡(这个过程称为"潜没")。大陆形成后，尽管其海岸线会因海水下降或上升而相应推进或后退，但整个新大陆岩石圈基本上会保持不变。这样，地球的陆地在不断增加，而大洋岩石圈则不断消失。不过，由于地球内部逐渐冷却，陆地扩增的过程将非常缓慢。

海平面与海洋上升

在讨论影响海平面上升下降的因素之前，有必要稍稍说说什么是海平面。简而言之，海平面是海洋相对于一些基准表面的平均高度。我们大多数人可能认为海平面就是指0.0英尺的海拔等高线。事实上，陆地上所谓的海拔高度都不是针对海平面而言，而是参考了一个被测绘员称之为大地基准点的人为标准基点。由于各地具体设定的参考基点有所不同，因此，其确立的海拔高度几乎不可能是真正的0.0英尺。

要确定海洋的平均高度需要将大量有规律的海平面波动数据进行梳理。由于那些短期的海平面波动会使平均海平面(或平均潮位)的测量统计复杂化，因此，本书主要以长期性的海平面变化为依据梳理相应数据，这其中也包括全球变暖造成海平面变化的相关数据。

为了测出长期性的微小的海平面变化，我们必须对由海浪、潮汐、海流、风暴潮、大气压力差以及大规模海洋环流造成的海平面波动在数据上进行甄别筛选。幸运的是，整个过程相当直接明了，因为大多数这类波动都是有规律的，很容易与“海平面上升”的信号区分开来。海平面的确定颇具挑战性，因为海洋事实上并不水平。由于地球直径不等同，内部质量也不均一，这使得各海洋点所受引力各不相同，其重力线并非都指向球心一点。假设海洋能够完全静止，那么不同引力条件下的海水就会停留在均衡的高度。这个理论上静止的海水面被称为大地水准面，它也是重力等位面，即在这个面上所有点受到的地心引力是均等的。即使大地水准面(静止海水面)有约656英尺(200米)的差幅，物体沿该面运动时在任何点上的重量都完全一致，但如果把同一物体放到陆地的高山上，因为地球引力下降其产生的重力可能就会减少。

一个航海者如果从纽约起航经大西洋去到英国，实际上是往高处航行了数十米(相对于空间的一个固定参考点)，但他可能感觉不到这种高度的变化，就好像我们在南半球时也没觉得自己是倒过来的一样(对南半球的人来说反之亦然)，因为作用于他的地心引力总是垂直、均等的。

大地水准面与地球内部密度相关，因而与全球变暖造成海平面变化相比它往往是相对稳定的。但是也有这样的例子：由于地球内部构造改变，大地水准面产生相应波动，导致某条海岸线的沿海海平面发生变化。数千年前，巴西海岸沿线的海平面出现异常上升，科学家们一直认为大地水准面波动就是导致该现象的原因。尽管如此，对下个世纪全球海平面的大体变化进行预测并不需要将大地水准面波动纳入考虑，因为只有在极其异常的情况下才有可能发生这种波动。

概括地说，在预测时需要将以下两种海平面变化考虑在内：局部的(均衡的)海平面变化和总体的(全球的)海平面变化。引发海平面均衡变化的因素同时也是导致岩石圈局部上升下降的因素。这些因素包括：板块碰撞产生的造山运动、冰川作用、大三角洲地区的沉积物压实作用或任何导致地壳增重或减重的物理运动。例如，路易斯安那州的海平面上升速度与亚拉巴马州海岸沿线的海平面上升速度有明显不同。这种不同正是由于路易斯安那州南部的密西西比河三角洲发生局部沉陷使附近海面相对上升较快。在高纬度地区，目前海平面实际上是呈下降趋势，这是因为当地冰川消融减轻了岩石圈承受的重量，地壳又回弹到原来的状态使当地海面相对下降。均衡的(或局部的，又或相对的)海平面上升因地点不同而呈现出较大差异。

全球的海平面上升简单说来就是海水体积全面增大而造成的海面总体升高。目前，全球海平面上升的速度从最近100年的平均值来看约为0.08英寸/年(2毫米/年)，从最近15年来看，则约0.12英寸/年(3毫米/年)。由于全球变暖，全球海平面上升的速度在加快。

总体的或全球的海平面变化有两种发生方式：(1)构造运动速度的变化引起大洋盆地容积变化；(2)海洋体积变化。当前海平面上升原因在于后者，即海水体积增大；但是在很久以前的地质时代，剧烈的板块运动曾导致大洋盆地容积缩小，海水因此急剧上涨甚至多次泛滥于大陆之上。

陆地上的海洋：地质历史时期的海平面变化

如果在堪萨斯州的燧石山走走，你可能会找到各种各样的化石。它们都是3亿至2.5亿年前二叠纪时期海洋生物的化石。尽管化石所代表的这些海洋生物确实是出现在二叠纪时期的海洋里，但因此就认为堪萨斯州地区在那个时期是一片海洋却略显武断。现在的堪萨斯州，确切地说，曾经一度被陆表海淹没。

当海洋以数百米之势迅猛上升时，海水就会溢出大洋盆地在陆地上泛滥并最终形成陆表海。构造板块运动加速并导致大洋盆地发生变形是陆表海形成的主要原因。板块构造速度加快时，大洋地壳软流层上的岩石圈被抬高，大洋盆地的容积随之变小。当盆地再也没有足够的空间容纳时，海水便会涌向陆地低洼处汇集成海。今天世界上绝大多数煤矿都位于前陆表海地区的边缘，那里曾是大片的大陆湿地。随着板块构造运动减速，大约6 500多万年前，陆表海最终退出大陆回归海洋。板块运动的速度变化在时间上跨度长，与今天我们经历的海平面平均十年一变的情况无太大关联。

海水体积变化

目前海平面上升的情况令人担忧。这种上升是大洋盆地海水体积扩大造成的，无关大洋盆地自身容积大小。导致海水体积增大的因素有两个：一是海洋水量增加；二是海水受热。两者与海洋上升的关联解释起来非常简单。

水受热则膨胀。如果把50加仑(194升)水加热至100华氏度(55.6摄氏度)，你会发现水的体积增至51加仑左右。随着地球大气层变暖，海洋也在相应地吸收大量热能。在下个100年，这种热能吸收会导致海水持续热膨胀，引起海平面不断上升。联合国政府间气候变化专门委员会(IPCC)就曾指出，海水热膨胀将会是近期海洋上升的主要原因。

那么，海洋水量增加又是怎么一回事呢？你得先回想回想小学自然课上老师对地球水循环所做的描述：海水遇热蒸发，再化作雨水降落，最后通过河流(多多少少)回到海洋。在这个海水回归海洋的故事里，还有一点老师可能忘了告诉你：如果气候越来越严寒，雨水便会变作雪花，雪花又凝结成冰并最终固化为冰川滞留在陆地上。如果气候越来越暖和，冰川就会逐渐融化，重新变成水回到海洋。因此，全球气温的变化决定着水量在陆地和海洋之间的分配。

目前，几乎全球所有的冰川都在消融，海洋水量因此在不断地增加。令人担心的是，南极冰盖和格陵兰冰盖一旦崩溃、消融，将引起海平面上升达 204 英尺(61 米)。对人类而言，这将是一个巨大的灾难。科学家们在监测海平面的同时也在密切关注着全球冰川的状况。

如今，科学家们在过去 100 万年间冰川如何影响海平面这个问题上已经形成极好的认知。在上个冰河时代的高峰期(约 2.1 万年前)，全球海平面要比今天低约 400 英尺(120 米)。那些“失踪的”海水以冰盖的形式储存在陆地上，覆盖了北欧和北美的大片陆地。这一切似乎发生在遥远的过去，但当时已经有我们的祖先“智人”亲身经历这个情形。

很多证据都可以证实这种低位海平面确实存在过。不少海岸沿线的大陆架上都可以找到沉没滨线的痕迹。这里还有沉没的古河道遗址，一直延伸到大陆架的边缘。沿海渔民们不断从大陆架上打捞到古居民的器物，荷兰渔民甚至经常从斯堪的纳维亚半岛附近的北海海域打捞出猛犸象骸骨。在一些热带岛屿的近海地区，还能发现前居民们迫于海水上涨匆忙丢弃的旧珊瑚制品。

事实上，在过去 60 多万年的时间里，大约每 10 万年就会形成一次冰期。冰期之间的回暖时期，例如我们现在所处的时期，被称为间冰期。在史上的一些间冰期，海平面甚至比今天的还要高。百慕大和巴哈马群岛上清晰可见的古滨线就能证明在过去的 50 万年时间里海平面至少有 3 次高过今天的海平面约 13 英尺(4 米)。今天美国东海岸一些无人居住的堰洲岛残余在上个冰期海面下降时显示出它们并非是岛而实则是海岸平原的一部分。种种情况表明，当今海平面上升将它们与海岸平原的其他部分隔离，使其被汪洋所包围而最终为居民们所抛弃。同样的情况也出现在佐治亚州，海洋上升已将其古滨线所在的海岸地带隔离出了数个岛屿。

我们认为今天的人类活动助推了海洋上升。但显然，从以上所有讨论都可以看出，海洋体积的扩增或减缩并非出于人为干扰。那究竟是什么原因导致冰期和回暖期出现，以至于对气候和海洋体积产生如此明显的影响？尽管在这个问题上业界仍然存在争论，但人们普遍认为是地球的绕日轨道、大气构成以及海洋环流三者发生了变化，合力导致冰期和回暖期出现。至于三者在这个问题上怎样发生着关联，我们尚不得而知。

格陵兰岛和南极洲的连续冰芯记录让我们得以对以前的大气的构成一窥究竟。这些冰芯含有气泡，而气泡里保存有65万年前大气中的气体成分。相关测试数据显示，随着冰期来临和结束，温室气体的含量会相应波动，海平面也会随之变化。这似乎为人类洗清了制造全球变暖的罪名，因为很显然，大气中的二氧化碳浓度本来就会发生波动，这是自然的属性。

然而，这些数据恰恰是在提醒我们要正视今天的气候危机。目前大气里如二氧化碳、甲烷等温室气体的浓度已远远超出65万年前的任何相关记录。其实自工业革命以来，温室气体的浓度就一直攀升至今。联合国政府间气候变化专门委员会以这些数据为依据，认为极有可能人类就是全球加速变暖的幕后推手。“极有可能”，这个措辞对于像联合国政府间气候变化专门委员这样的国际官方机构而言，意味着90%以上的可能性。值得注意的是，联合国政府间气候变化专门委员会是基于科学界的共识来开展工作，因此，这个判断应该是比较谨慎的。

很显然，气候从上个冰期末以来就在自然变暖，海平面也在大幅上升。然而人类活动进一步推动气候变暖，使海洋上升的速度(尤其在近期)势头强劲，前所未有。值得警惕的是，在以往的海洋大幅上升时期，地球上还从未有像新奥尔良、孟加拉国、尼罗河三角洲、威尼斯以及纽约这样人口稠密的沿海聚居区。现在我们不得不为之担忧。

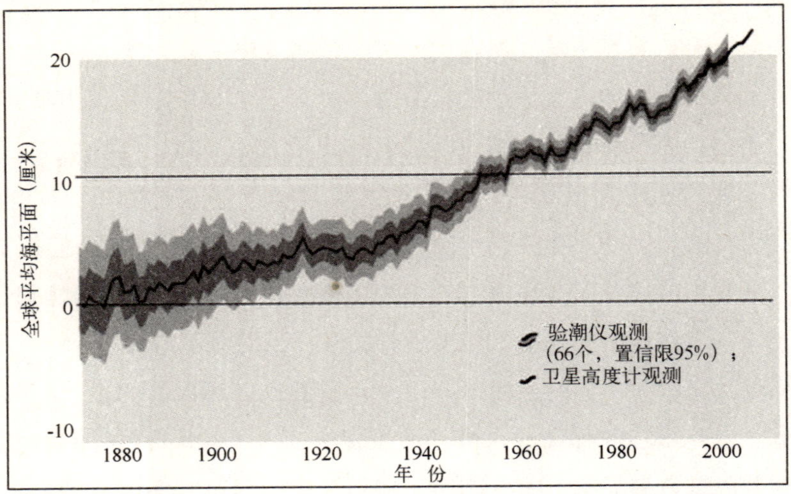

1870—2000 年验潮仪有效数据全球平均值，图上数据区叠加有新的卫星测高数据。由图可见，1990 年以来海洋上升速度明显加快。近期的验潮仪数据与卫星测高(海平面上升)数据高度吻合。【图片由美国国家海洋和大气管理局提供】

测量上升的海平面

反对派常常会对人类活动加剧全球变暖的说法进行驳斥，但海平面上升却是不容争辩的事实。今天，海洋上升证据确凿。美国每年都不得不动用上亿资金治理遭受海水侵蚀的海滩(这跟海洋持续上升不无关系)；威尼斯洪涝灾害发生得愈加频繁；荷兰正在不断建造防海大坝以保卫家园。

与反对者通过温度测量来驳斥全球变暖的做法不同，海平面上升的相关数据可以通过更加直接、更令人信服的方式来获得。人们使用验潮仪直接测量海平面已有很长时间并已积累大量相关数据。验潮仪主要用来观测由天气和潮汐引发的海平面变化，仪器中安有消波装置因而能消除波浪对观测的影响。它可以如尺子一般简便，固定在码头的柱子上就能对水位进行测量，也可以配备更加精密的装置。验潮仪常被放入验潮井或特制管道内以避免波浪对连接记录器的浮子造成影响。潮起潮落时，它会就浮子产生的垂直位移进行测量和记录。

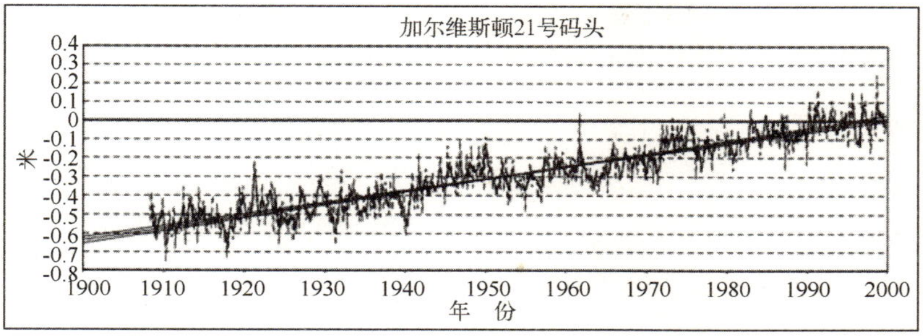

验潮仪的百年海平面记录——取自得克萨斯州加尔维斯顿。因为当地处于沉降中，其海平面上升速度高于全球平均值。【图片由国家海洋和大气局提供】

验潮仪最初并非用来测量海平面，后来因其能提供大量且有效的海平面实测数据而为科学家们沿用至今。验潮仪的数据记录虽然简单却非常明晰：如图所示，一眼就可以看出得克萨斯州加尔维斯顿百年内复杂的海平面变化以及海平面明显的上升趋势。这是一张典型的验潮仪数据集图表：下方标示了数据采集时长，中间斜线(海平面升降速度)上各点对应各时间点当地具体的海平面高度数值。任何一份具体的验潮仪记录反映的仅是当地相对的海平面数据(前文已有相关讨论)。因此，在采用那些受构造或均衡作用影响地区的验潮仪记录来对全球或全局性海平面变化做评估时尤其要慎重。比如，加尔维斯顿这份记录显示出当地海平面平均上升速度为年0.3英寸(7.6毫米/年)，但由于当地海岸正处在沉降中，所以可以谨慎地判断当地海平面的上升速度高于全球平均值。

对全球海平面变化的总体趋势进行合理评估就需要统计并分析来自全球的海量验潮仪记录，特别要重点处理那些保持了长期记录并且地况相对稳定地区的相关数据，如佛罗里达州沿岸水域的海平面数据。来自该州费南迪纳海岸验潮站的数据显示从1900年左右第一次对海平面进行记录以来，当地海平面以每年0.08英寸(2毫米/年)的速度上升。佛罗里达州各验潮站海面上升速度的均值与全球海面上升每年约0.07英寸(1.8毫米/

年)的平均速度非常接近，后者是对全球各地验潮站优质数据的统计和平均。

海平面数据也可以从太空测得，太空观测数据与验潮仪记录的数据密切相关。用于观测海平面并绘制海底地形的托帕克斯/波塞冬(TOPEX/Poseidon)卫星于1992年发射。当它绕地运行时，携带的测高仪就会对海面发射雷达信号并记录雷达信号返回卫星所需的时间，精确地反映出卫星与实时海面的距离。目前只有这种太空轨道观测法能够避开陆面变化带来的干扰从而对海平面实现独立评估。托帕克斯/波塞冬卫星作为海洋监测的主要手段一直服役至2001年，之后被更为精确的海面监测卫星“詹森1”号(Jason－1)所取代。

据联合国政府间气候变化专门委员会报告，1993—2003年卫星测高法提供的数据反映出全球海平面正以年均0.12英寸(3毫米/年)的速度上升。值得注意的是，这一全球海平面上升的信号并非均同地出现在每一处海洋里。由于受不同的海洋温度、洋流状况以及诸如厄尔尼诺等极端气候事件影响，各海洋区域的海平面并非都在该时间段出现上升势头。例如，1993—2003年间大西洋和东印度洋呈现海平面上升，而东太平洋在同一时期却出现海平面下降的情况。

2007年联合国政府间气候变化专门委员会出台的一份报告指出：1961—2003年海平面上升的情况中约有60%是冰川消融引发海洋水量激增造成；其余40%是海水热膨胀所致。该比例在1993—2003年间恰好相反：海水热膨胀造成的海平面上升占到60%。这一数据大概能够解释最近20年间世界许多海岸出现严重侵蚀甚至岌岌可危的局面。目前一些具有相当历史的海岸聚居区，如英格兰东海岸的黑斯堡，已经由于海面上升而丧失大片土地和物业。

整个20世纪海平面明显地在加速上升，这一势头在21世纪的今天依然保持。在下个章节，我们将具体讨论科学家是否能够对未来海洋上升的趋势做出准确预测。

第三章　关于预测

预测是非常困难的，尤其当它关系到我们的未来时。

——尼尔斯·玻尔，物理学家、诺贝尔奖得主

设想一下，如果你能预知股市的走向、疾病的发生、战争的进展，预见一场灾难性的飓风袭击某个海岸的时间，或者是预知一段恋情的发展，你的未来会是多么不同，你的人生或将因你的预知而变得更加成功和美好。

为了预测上述种种（当然爱情除外），我们的社会投入了大量的人力和物力。一大群衣冠楚楚的专家一边高歌股市的未来，一边又就电视新闻节目中播报的股价意外狂跌或暴涨为自己进行开脱。而那些政客、退休的将军和其他坐在舒适的办公室里的分析师们也在根据自己的政治倾向用或乐观或悲观的腔调预测战争的结果。

最近经济方面发生的事显然并未有助于提升这些股市预言家的可信度。事实上，正是2009年初不断恶化的股市行情促使沃伦·巴菲特发出警告，提醒股民们“小心那些满脑子公式的预言家”。

现在试想一下，如果我们确实能够精确地预测未来全球海平面上升的高度和对应时间，人们就能立即开展很多行动。例如，沿海城市将开始规划新的泄洪系统，取消低洼地区的重建工作，甚至可能针对城市各个区域启动搬迁、放弃或保护工作。

接下来，假设我们也能预知海洋上升最终给海岸线造成的后果，那些建造在海岸沿线的海滨房产也将急剧贬值。政府可能还会出台新规，鼓励建造可移动建筑，并阻止在海岸附近开发高层建筑。

长期以来，准确预测自然进程，特别是那些对人类会造成危害的自然

进程，一直是几乎所有科学领域需要攻克的主要目标。为了预测下一次地震、滑坡、海啸、洪水、冰雹、火山喷发、飓风、龙卷风、干旱、或小行星撞击等自然灾难可能发生的时间和地点，人们已经花费了数十亿美元。20 世纪 90 年代以来，全球变暖因其后果的严重性已经排到了这份自然灾害榜单的首位。在美国，尽管乔治·布什政府常常有意降低气候问题的重要性，但仅仅就在 2008 年一年，花在预测气候变化及其影响（比如海平面上升）方面的资金就高达 20 亿美元。

了解一些有关海岸变化速度的知识非常重要。我们可以通过下面这个故事来说明。一对来自纽约州北部的夫妇打算在北卡罗来纳的托普赛尔岛购买房产。2006 年，这对夫妇来到该岛选购了一座临海房屋作为退休后颐养天年的居所。这之后，他们返回纽约处理相关事务并置办家具。当再次返回小岛的时候，他们发现自己的新居几乎就矗立在海水边上并且已被政府划定为危房而禁止入内居住。原来，出售这座房子的房地产经纪人极不负责任，他向这对夫妇隐瞒了这房子在出售之前已被明令禁止使用的实情。房屋被下令禁用之后，有人用水泵吸走部分海水在房子前制造出一片海滩，使房子看起来像是在高潮线的向陆一侧。在海面不断上升的情况下这块人造海滩也就仅仅维持到这对夫妇买下这幢房屋为止。在这之后，北卡罗来纳州的立法机构也曾考虑过要制定一部房地产法规，要求卖方在销售时务必充分告知对方房产的自然属性以及自然灾害可能会对房产造成的损害。但最终，这部旨在保障买方知情权的房地产法规还是因种种原因未获通过。

从更大范围来看，在美国墨西哥湾和大西洋海岸地势低洼、海岸线不断后退的沿海地区，那些数以千计的高层建筑所面临的风险也很高。今年已有一些受到海平面上升的威胁。那么明年会怎样？下一个 10 年呢？政府总是从财政上对这些高层建筑的建设工程施以援助，它又如何能保证纳税人的钱不会因此而被挥霍一空？

对自然进行预测不但困难重重，而且长期以来还存在着一定的政治风险。多年前，印度政府由于不准确的气候预测而使执政党备受民众指责，政府曾一度考虑停播天气预报。在 2005 年，新奥尔良的防洪堤在飓风袭击下迅速崩溃也成为一个典型的例子——工程在自然灾害中出现事故也得承担沉重的政治后果，因为这不仅是预测的失败也是政治决策的失败。其实在这之前，科学家已呼吁多年新奥尔良极有可能在一次“威力适度的”飓风来临时被淹没。路易斯安那州立大学飓风中心的主管艾弗·范·希尔登在2009年4月被免除职务。原因就是他把这次事故中政治决策的失误捅给了公众和媒体。对自然进程进行预测有助于预防或减轻灾难，理所当然应受到人们关注；但即便如此，却很少有地方和国家的管理机构或政客们把预测当回事。另外还有一个问题加重了新奥尔良的飓风灾难——堤坝和排水系统的工程设计非常糟糕，这个情况也意味着灾难造成的后果会远远超出预测的范围。

科学家又是如何预测自然进程导致的后果呢？首先，预测应当建立在过去的经验之上。比如，基于过去的经验以及当地的地质条件，大概很多人都会认同洛杉矶比芝加哥遭遇地震袭击的几率更高。同样根据经验，我们知道路易斯安那州比沿海的缅因州更可能遭受飓风风暴潮的袭击。其次，预测是建立在对特定自然进程实地研究的基础上。例如，基于卫星观测和现场实地考察，我们发现全世界的冰原正以令人不安的速度消融，这极有可能导致海平面出现大幅上升。

近年来，数学建模成为预测的有效途径。功能强大的电脑被广泛使用，政府对环境影响报告和成本效益计算提出更高要求，科学家和工程师对预测数学模型的准确性也在增强信心——这一切在20世纪的最后25年都发展完善，使数学模型成为科学预测的主要手段。

数学模型简单说来就是用数学方程对自然进程进行描述。早在20世纪六七十年代，科学家们就在期盼定量数学模型能够为准确预测自然进程提供精确的数据或可靠的指导。随后几乎就在一夜间，数学建模就成为科学界复杂精密与高级尖端的化身。在海平面预测方面数学建模一直以来也是各国首推的预测手段。

要使用数学建模对自然灾害导致的社会后果进行预测还存在不足。1999年，当飓风弗洛伊德途经南卡罗来纳州查尔斯顿的时候，天气预报声称飓风将会登陆，这样的情况最终并未发生，但数以千计的南卡罗来纳州居民却因此被命令疏散撤离。结果所有人都拥堵在出城的26号洲际公路上，在塞满家庭照片的汽车里与孩子、猫、狗、金鱼待了整整一夜。人们之所以感到愤怒，不是由于错误的飓风预警(因为每个人都明白风暴走向难以准确预测)，而是因为当地撤离计划的制订者对26号洲际公路是否具有疏散整座城市的能力做了错误评估。事实上，这条公路本来可以胜任疏散任务，因为负责应急事务管理的官员已经提出建议要求开启26号洲际公路的所有通道帮助居民出城，但该州州长却出人意料地否决了这个提议，导致所有人都堵在了路上。

时任州长的吉姆·休斯在危机时刻做出的决定令人费解，这也说明自然预测若涉及人为干扰因素，预测效力将会大打折扣(就像在卡特里娜飓风袭击新奥尔良期间，联邦应急管理局的无能导致疏散局面失控一样)。其实早在风暴来临之前，查尔斯顿的应急管理官员就已经仔细研究并模拟了疏散过程，唯独忽略了州长会接受助手提议留出进城车道以保证“紧急车辆”通行的可能性。

1999年弗洛伊德飓风到达之前，人们试图从南卡罗来纳州查尔斯顿撤离。时任州长的吉姆·休斯做了一个错误的决定：保持双向通车。负责应急事务管理的官员事前已模拟出有效的风暴疏散流程，却完全没料到州长会做这样的决定。这也证明要将人类可能的行为纳入预测模型存在难度。【图片由美国陆军工程兵团提供】

最近，美国总统巴拉克·奥巴马的已过八旬的特别经济顾问保罗·沃尔克也拿2008年华尔街股市崩溃的例子来说明人类行为的不可预测性。他指出："数据模型也无法准确预测人们在金融恐慌中爆发的歇斯底里"。

华尔街股市走向或对查尔斯顿撤离的预测事件告诉我们，对未来海面上升情况进行预测必须建立在对人类行为进行预测评估的基础上，尽管后者的规模可能极其庞大。下个世纪海平面上升的程度将部分取决于未来温室气体的排放量，而这恰恰是由人类行为决定。但谁知道我们的后代子孙会制造多少二氧化碳，或者，我们自己在接下来的时间里又会排放多少温室气体？什么时候政府才愿意大力减排？人类是否可以研发出能大规模替代化石燃料的新能源技术？人为因素在怎样改变自然环境并引发气候变化？如果没有以上认知，我们如何可能对全球变暖做出准确预测？这些问题都无法具体回答，但我们可以通过建立数学假设模型来应对（接下来会进一步讨论）。这就要认真考虑数学建模的一个主要问题：基本假设具有不确定性。

准确预测基于多方面的因素。提前2~5天进行天气预测，常常能够做出准确的天气预报。即便这种短期性天气预报成功率相对较高，我们每个人都还是有过意外降雨自己却没带伞的经历。若将预测天气的时间进一步提前，要做到同等准确的天气预报几乎不可能：超过2~5天，决定天气的大气状况往往变化多端而不可预测。

气候是长期天气情况的平均状态。预测未来的气候当然会比预测第二天的天气更加普遍。你或许不会在出门上班时根据气候预测决定带伞与否，但如果你在购房时有气候预测表明未来的几十年里会有更频繁的或更猛烈的飓风来袭，你可能就会考虑购买一座与海岸保持适当距离且地势高的结实房子了。

预测自然过程的数学模型把方程演算的最终结果作为预测依据。从广义上讲，有定量和定性两种数学模型，区分两者非常重要。定量模型产生数字，定性模型则给出理解。定量模型假定提供对未来的准确预测，通常以一个数字或一组小范围的数字来表示。在定量建模的过程中，所有重要的、对过程产生影响的参数，都需要被充分理解并且用数字表达出来。任何重要的参数都不能被遗漏或忽略。这样的模型通常用来回答“在哪里”，“什么时候”以及“有多少”之类的问题。比如：风暴会袭击哪里的海岸线？什么时候消融的冰盖会达到不可逆的临界点？海平面将上升多大幅度？

定性数学模型同样基于数学方程式，有时也被称为过程模型或场景模型。这些模型不提供具体的数值预测，只被用来解释过程或确定趋势，提供重要级别的答案，或明显的优劣势判定。定性建模只需要最重要的评估参数。即使数字答案可能会有用，但定性数模只被假定提供未来的概括或发展趋势，并不要求提供准确数字。它要解决的是诸如：“怎样”、“为什么”、“在某个条件下会发生什么”之类的问题。比如，减少二氧化碳排放将会给海面上升带来怎样的影响？北冰洋上的海冰为什么会融化？倘若南极冰架继续垮塌，接下来又会发生什么？

采用定量模型预测可能会得出(此处为假设)下个世纪某地海平面上升3.3~3.9英尺(1~1.2米)，海岸线后退900多英尺(270米)的数字结论。而采用定性模型预测，可能得到的是海平面将继续上涨，海岸线将继续后退，两者均可能加速的概括性或趋势性的判断。

定性模型就未来的气候和海平面变化提供了直观描述。但仅仅知道海平面会上升还不足以让我们做出具体的应对之策。数字是必需的，即便粗略的估计值也对拟划具体方案至关重要。否则，规划者将如何设计城市未来的排水体系？如何规划堰洲岛和沿海城市的未来？又如何定制尺寸合适的风暴防护闸门以更好地保护威尼斯、伦敦和鹿特丹？

事实上，科学家和规划者综合运用了定性/定量建模、实地观测和冰原历史行为专门研究等方法以期对海平面上升做出最佳的综合性评估。其中，实地观测尤为重要。例如，近年来通过实地和卫星观测，人们发现格陵兰岛和南极的冰盖消融使海平面在21世纪加速上升，其速度超出了之前的预估。从这点来看，数模预测有其局限性(我们将在下章进一步讨论)。总之，为了有效地设计防护工程，人们做了力所能及的一切以取得广泛认同的数据。但数据有时也不可靠，我们得知道变通，多做准备，以备不时之需。

对冰盖的历史进行研究，了解它们在大冰期的形成和发展，对我们认识冰盖消融的现状及其后果有很大帮助。在当前应对海面上升危机方面，这种认识显得尤为具体。通过考证世界各地古滨线（冰川融化造成）形成的年代以及它们对应的海拔高度（或深度），科学家们已经构建出海平面历史变化曲线图。这些图表反映了海平面与其所处时代或时期的关系，展示了海平面升降速度的历史变化以及未来可能的变化趋势，并为将来海面上升的幅度提供了现实的数据参考。

预测海平面上升

联合国政府间气候变化委员会（IPCC）于 2007 年发布了对全球气候变化的第四次评估报告（AR4 Report）。这是我们这个时代最重要的文献之一，参与的科学家们因其杰出的工作获得了 2007 年诺贝尔和平奖。这份报告共分三卷：（1）自然科学基础；（2）影响、适应与脆弱性；（3）减轻气候变化的影响。大部分有关海面上升预测模型的内容在报告的第一卷。

这些报告确实是下了大力气，其主体内容厚重深刻而又冗长，甚至专门为决策者和非科学界人士撰写了内容复杂的摘要综述，这大概是因为参与的科学家们人数众多，且他们秉持一贯内敛严谨的科研态度以及对精准叙述的高要求在撰写和校订这些报告。不过，总的来说，这些由 IPCC 2 500 位成员共同完成的报告堪称惊世之作！

以下是有关海平面上升的结论，源自 AR4 报告中专门为决策者撰写的摘要。

（1）由于海水变暖导致海水热膨胀，再加上高山冰川融化，到 21 世纪末海平面升幅将达 7 ~ 23 英寸（18 ~ 58 厘米）。即使温室气体的排放趋于稳定后（即达到峰值后开始下滑），海水热膨胀仍将持续数世纪。由于全球变暖，全球平均气温每上升 1 摄氏度，海平面将因热膨胀效应上升 0.7 ~ 2.0 英尺（0.2 ~ 0.6 米）。

（2）格陵兰岛和西南极冰原的“冰原、冰川和冰盖消融”将导致全球海平面上升值额外增加。近期实地观测数据表明，两大冰原消融造成的海平面上升幅度可能远远超过之前的估值，其对海平面上升的影响甚至可能超过海水热膨胀。“海平面在本世纪内快速上升几成定局。”

联合国政府间气候变化委员会的这些报告由于措辞复杂艰涩已造成大量理解的偏差，同时也给全球变暖的反驳者们提供了驳斥的依据。目前舆论界已广泛接受本世纪末海平面升幅将达7～23英寸(18～58厘米)的预测。但正如前面提到的，这个预测数据并未将冰原融化造成的海平面上升计算在内，后者或将成为海平面主要的甚至是灾难性上升的主要原因。

另一个广为人知但略有瑕疵的解读是海平面上升的幅度正在降低，因为IPCC 2007年报告中预测的海平面上升最大值要比2001年的报告低——从35英寸(89厘米)降到23英寸(58厘米)。然而，波茨坦气候影响研究机构的斯蒂芬·拉姆斯托夫指出，2001年报告中对海平面上升较高的估值是将格陵兰岛冰川消融纳入了考虑，但2007年报告中预测的最高升幅23英寸(58厘米)则并没有考虑冰川因素，因此两者不具可比性，故上述解读有误。但除开对两份报告都进行了深入研究的科学家，一般人又如何能辨别两个报告的不同之处?

IPCC在完成AR4报告时，决定只针对部分海平面上升原因进行数据预测(即只考虑那些能用数学模型来预测的因素)，而正是这种数据处理方法造成了上述混淆或误读。IPCC明确预测未来海平面上升是由海洋热膨胀和高山冰川消融造成的，但是在处理数据时却拒绝接受高山冰川的相关数据(因为IPCC没有一个所有成员共同认可的有关高山冰川的数学预测模型)。这样，AR4报告实则上淡化了导致21世纪海平面上升可能最为重要的原因：冰原消融。

南佛罗里达大学的专家加里·米彻姆解释说学界对格陵兰岛和南极洲对海平面影响的认知随时间的推移而在发生变化。20世纪七八十年代，两大冰原被研究全球变化的专家们认为是海平面急速上升的潜在源头。到了20世纪90年代，舆论则普遍认为全球变暖对两大冰原的影响是渐进、温和的，其中格陵兰岛冰原或许会对海平面产生重大影响。但最近几年，20世纪七八十年代的观点又猛烈抬头，人们普遍认为格陵兰岛和西南极洲冰原消融将使海水激增，海平面上升将呈现灾难性加速。

不幸的是，那些痴迷于数学建模的专家已逐步形成这样的观点：没有模型，任何预测都不可能；或没有模型，任何预测都因不精准而没有价值。然而，我们又的确需要一些经过深思熟虑的预测，特别是冰原消融对未来海平面上升的影响究竟有多大的预测。如果专家们都不能做这样的预测，那么谁又可以呢？哪怕是一个合情合理的猜想也很有必要。话又说回来，IPCC 是一个规模庞大涉及面广的委员会，其成员通常是在政治的氛围下工作，因此这种情形下的预测可能会远远超出了他们达成科学共识的范围。

在缺乏 IPCC 的指导下，美国许多国家级、州级、地方级的组织以及其他机构开始自行预测。其中之一是佛罗里达州的迈阿密戴德县气候变化工作组科学与技术委员会。该委员会成员在 2008 年 1 月的报告中给出了 21 世纪各因素造成海平面上升的最小预估值，现列举如下：

海水热膨胀：11.8 英寸(30 厘米)；

高山冰川消融：3.9 ~9.8 英寸(10 ~25 厘米)；

格陵兰岛冰原融化：18.9 ~33 英寸(48 ~84 厘米)；

南极洲冰原融化：3.9 ~5.9 英寸(10 ~15 厘米)；

最小总值：3.3 ~5 英尺(1 ~1.5 米)。

罗德岛州沿海资源管理委员会也独立预测出与上述迈阿密科技委员会相似的基础数据：到 2100 年，海平面最小上升幅为 3 ~5 英寸(90 ~151 厘米)。英国气候变化影响项目组则表示，到 2080 年海平面升幅最小值略低于 3 英尺(0.9 米)，最大极值有可能达到 8 英尺(2.4 米)。2008 年，科罗拉多大学的科学家泰德 · 菲弗及其八位同事在《科学》杂志发表了一篇论文，认为到 2100 年海平面升幅最小值略低于 3 英尺，最高值达到 6.5 英尺(即略小于 0.9 ~2.0 米这个区间)。

在 2007 年《科学》刊发的一篇文章中，斯蒂芬 · 拉姆斯托夫(Stefan Rahmstorf)和 6 位同事将 IPCC 以前采用数学模型预测的数据和 1990—2006 年间采用验潮仪和卫星实测的数据进行了对比，发现同时期模型预测的数据与实际海平面上升的数据存在差异，由此他们预估 1900—2100 年实际海平面上升值将很可能比 IPCC 的估值要高。他们计算的结果显示，到 2100

年，海平面相比1990年可能上升达1.6~4.6英尺(0.5~1.4米)。

拉姆斯托夫和同事们的预测是针对气候变化和海平面上升最简单直接的做法。这种方法通常假定事物呈线性变化，在这里就是把海平面从20世纪到下世纪的变化作为一个直线进程而进行预测。美国国家航空航天局戈达德太空研究所的科学家詹姆斯·汉森则强调海水热膨胀和高山冰川消融虽主导了20世纪海平面上升，但在21世纪冰原崩解将成为影响海平面最重要的因素，而它对海平面造成的影响呈非线性进程。也就是说，21世纪海平面随时间发生的变化将不大可能如直线图表那样按部就班，一目了然。自20世纪90年代起，世界两大冰原对海洋水量的贡献就已经翻了一番。汉森认为这就是强有力的依据，由此可以推测在未来一百年海平面上升的幅度极有可能比拉姆斯托夫的估值还要高许多。

> 如果说冰原消融从2005年到2015年十年间将导致海平面上升0.4英寸(1厘米)，且这个数值每十年就会翻倍直到西南极冰原大体消融殆尽，那么这种速度将导致海平面在本世纪上升16.4英尺(5米)。当然我无法保证对一个非线性进程做出每十年翻一倍的预测足够精确，但我相信，考虑到冰原消融对海平面造成的巨大影响，这个预测要比线性趋势的预测更接近实情。

IPCC对海平面上升的预测除了忽略冰原因素以外，还制造了其他谜团。例如，2008年11月11日，《纽约时报》一篇报道马尔代夫拯救计划的文章强调，根据IPCC的调研报告，到2100年马尔代夫将因海平面上升2英尺(0.61米)而面临生存危机。显然，IPCC一直通过宣扬较小的海平面上升值试图淡化人们对实际海平面上升危机的理解，即使面对全球最著名报纸的采访也不打算做更客观的表述。

预测海岸线后退

海平面上升在许多方面会对自然环境和基础设施造成影响，其中一些是灾难性的。然而，如果没有人类，海岸线会随着海平面的上升、下降而自然地后退、前进，海岸环境的恢复也会相对容易。数十亿年来，海岸线一直随着海平面的变化而变化。要是没有人类干预，海岸将总是与海岸线的变化一致，尽管不同时期其具体位置有所不同；堰洲岛的海岸将随着海平面的持续上升（倘若不是上升太快）不断向其陆地方向移动；而当潮间区移向内陆时，盐沼和红树林也将随之向内陆方向移动，紧随后退的海岸线逐渐向陆地边缘的森林靠近。

然而，自人类出现后这一切就不那么自然而然了。海岸建筑不可能像沙质堰洲岛的海岸那样随海水的推升而位移。交通、供水、地面排水、排污等系统以及电力布线也几乎不可能挪移。据估计，随着海平面上升，下个世纪的环境难民如那些需要搬离孟加拉国低地、尼日尔河三角洲、密西西比河三角洲以及太平洋中部环礁岛的海岸居民将在数量上远超政治难民。目前，堰洲岛海岸的大多数业主还在尽一切可能阻止搬迁。在这样的坚持下，海堤不断被扩大或增建，随之而来的就是海滩退化。即使通过人工修补海滩能保住一段时间，但它们最终还是会消失。来海滨度假的游客将像新泽西州五月角的游人一样，在高潮期到海堤顶部观潮；在低潮期则蜂拥至因退潮而露出的狭小海滩上玩耍。

在全球大多数海岸地区，海岸线正在后退。例如，在美国东海岸，大部分堰洲岛的海岸线正以每年 2 ~4 英尺（0.6 ~1.2 米）的速度后退。如此看来，很有必要对未来海岸线后退的速度进行准确预测，因为这关系大量沿海居民的生命和财产安全。

假如明天海平面就上升 20 英尺（6 米），而地表斜率决定新海岸线位置，那么对新海岸线位置进行预测并不是难事。因为假设海平面一夜之间上升 20 英尺（6 米），新的海岸线应该与 20 英尺等高线图对应一致。但目前海平面骤然上升 20 英尺不大可能，我们更多的是面对海平面每年上升 0.12 英寸（3 毫米）的情况。

对海岸线后退进行预测的难度还在于全球海岸线类型的复杂多样。有些是沙质的，如美国东部和墨西哥湾沿岸堰洲岛的海岸线，西班牙和葡萄牙南部海岸的海岸线以及北冰洋沿岸平缓延伸的海岸线；有些由坚硬的火山岩构成，如阿留申群岛、日本、加勒比地区和菲律宾群岛的海岸线，特别是在南北美洲多山的西海岸，许多海滨地区是由种类丰富的岩石构成，具有不同程度的抗浪能力；在北极，海岸呈冻结状态，其侵蚀速度部分取决于夏季冻土融化的程度；在南北温带，沙质海滩上常存在岩层和压实泥土，极大地减缓了海岸线后退的速度。既然海岸的坡度不同，物质构成也不一样，人们怎样才能预测逐渐上升的海平面对海岸侵蚀速度造成的影响呢？答案是：精准预测根本不可能。

目前有一个流行的数学模型，即布鲁恩法则(Bruun Rule)，据称能预测海平面上升对海岸线后退速度的影响，前提是只能以纯沙质海岸为演算对象。该法则在全世界通行，可能是目前全球运用最广、"唯一"能对任何自然过程的结果进行预测的数学模型。几乎每一个沿海国家，只要制订了最基本的海岸管理计划，都不同程度地在使用这个法则预测未来海平面上升对海岸线的影响。绝大多数海岸工程师都将该法则的一般原则纳入到预测海岸侵蚀速度数学模型的数值演算中，如美国陆军工程兵团的"风暴诱发的海岸变化模型"(SBEACH model)。但布鲁恩法则在现实中不大行得通！那些基于该法则被广泛使用的数学模型，事实上也起不了多大作用。

法属波利尼西亚环礁岛上的临海沙滩。右边的棕榈树原木堆是当地设置的防海堤。预测海平面上升时环礁岛海岸变化的数学模型是以无障碍纯沙质海滩为前提，显然这不全然符合当地实情

在林林总总有关海洋上升和海岸侵蚀的科技文献中，广泛采用了一个假设，即海平面每上升 1 英尺(0.3 米)，海岸线将后退 100～300 英尺(30～90 米)。这个假设的数值就源自布鲁恩法则，但很少有人知道这一事实，也不清楚这个假定值具有误导性。大多数实情是，海平面上升 1 英尺(0.3 米)造成海岸线后退的距离远超布鲁恩法则的假定值。路易斯安那州海岸的迅速消失就是明证。

布鲁恩法则的计算公式简单。只需一份航海图，一个局部海面上升速度的假定值和一个科学计算器就可以通过这个公式对未来海岸线后退的情况进行计算。当公式中相应数项抵消后，仅余两个关键变量：海平面上升速度和毗连海底的滨岸(滨面)坡度。

$$R = S \times \frac{1}{\tan\theta}$$

这里 R 指海岸线后退的数值，S 指海平面上升的速度，θ 指滨面坡度。

根据这个公式，当滨面坡度一定时，海岸线后退距离 R 与海平面上升速度 S 成正比。滨面一般指从海岸线开始向海向下延伸数千米直至深度为 30～50 英尺(9～15 米)的广大区域，因为通常认为大陆架到达这个深度后会趋向平缓。

然而这是一个错误的公式：它显示海岸线后退多少部分取决于滨面坡度，但目前没有任何证据表明海平面上升的过程中滨面坡度大的海岸其海岸线后退就少，坡度小的后退就多。反倒是在海岸线的向陆一边，地表坡度很可能对海岸线的后退产生重要作用。然而，无论是挑剔的怀疑论者还是非专业人士中都很少有人发现这个公式中滨面坡度和海岸线后退之间的错误关系。

布鲁恩法则的基本概念来自佩尔·布鲁恩，一名被人们视为当代海岸工程之父的丹麦裔美国工程师。布鲁恩早在20 世纪中期就开始对海平面上升进行考察，他前瞻的观点帮助人们更好地理解海岸线上沙滩的移动。自他开始，海岸线侵蚀不再被简单地视作干湿分界线或水陆分界线的向陆移动，而被视为整个滨面向陆地的大挪移。

首先，布鲁恩法则假设了纯沙质海岸线这一前提——海滩上没有泥土、岩石，也没有太多贝壳碎片。但现实中能满足这种假设条件的海岸线极少。一名为特拉华州海岸侵蚀速度建立预测模型的环境顾问就曾积极地以“这里的海滩和滨面完全是沙”为假设展开工作。然而，可以想见的是像他这样的咨询工程师们几乎不会离开赖以建模的电脑而去现场实地考察。事实上，特拉华州的海滩到处都是明显易见的坚硬、高度压实和耐侵蚀的泥土。

同样，在佛罗里达州西海滩，预测海岸侵蚀速度的工程顾问们也没关注过这里以岩石为主的海岸线。其实任何人只要愿意去齐膝深的海岸浅水区走走，都可以发现这个事实。他们以沙质海滩为假设做出的预测，跟特拉华州的一样，毫无价值。

澳大利亚地质学家彼得·考威尔对布鲁恩法则略做修改，他预测环礁岛的海岸也会像大陆沙滩那样前后移动，只要海平面上升适度，岛屿就不会受到威胁。但问题是环礁岛的海岸大多是由礁石而非沙粒构成。如果海平面继续保持目前的上升速度，环礁岛国的未来不容乐观。考威尔的预测虚构了前提，除了让岛民继续保持盲目的乐观外，毫无实际意义。

总的说来，就海平面上升的预测而言，我们无法确定目前影响海岸后退的各种因素中哪些在未来数十年会升级为主导因素；我们也无法确切预知未来某个自然进程降临后，哪个因素会失去影响作用。未来数十年会发生怎样的风暴？其强度、方向、频率、时机和持续时间又会怎样？没有人能够给出确切答案。与此相似，未来近海地带、当地河流、蚀毁的海岩、邻近海滩可以给当地海岸带来多少沙土补充，同样也没有人可以确定。

有人可能要问，既然布鲁恩法则有缺陷，为什么仍然能够得到广泛使用呢？最重要的原因是，它提供了研究海平面上升如何影响海岸线后退的唯一数值预测模型。这个“国家最先进”的预测方法，虽然不完美，但却具有无可替代的特性。据说，新成立的联邦应急管理局气候变化小组也正在考虑使用布鲁恩法则来预测海岸线侵蚀的情况。倘若不幸采纳，后果会非常严重。

那么，有什么是我们可以做的呢？政府间气候变化专门委员会曾在2007年的报告中宣称冰盖融化导致海平面上升的情况无法建模，因而无法对它进行预测。那么我们是否对它也应该同样采取回避的态度？如果有人问未来的海岸线会是什么样子，难道我们只能耸耸肩说“谁知道呢”？显然，我们注定要与各种不确定性相伴而行，我们必须学会采纳专家的定性预测，因为这些预测本身包含许多有价值的信息。

对海岸线后退速度的预测最好不要基于抽象理论，而是要亲临现场把实际观测到的情况作为依据，要全面了解海平面上升的整体情况。最初的估计往往是基于目前海岸侵蚀速度进行的简单推演。但是，我们应该知道影响海岸侵蚀速度的原因多种多样而不仅仅是海平面变化。在许多(即使不是绝大部分)已开发的沙质海岸线上，海岸建筑设施如码头、海堤以及人类活动如航道疏浚对海岸产生的不利影响比海平面上升更大，是目前造成海岸线不稳定与侵蚀后退的主要原因。海平面上升将来或许会成为海岸线加速后退的主因，但现阶段我们还没有任何已知的办法来分别评估海平面上升和其他因素对海岸线造成的影响。

运用一些地质常识有助于我们对海岸线的后退速度做个大致预测。像缅因州北部这种受冰川融水冲刷的岩石海岸，洪水对海岸的侵蚀作用要比岩石蚀化更大，因此，海岸坡度大小是决定海岸线移动速度的重要因素。此外，岩石的性质也很重要。是否容易被海浪击碎或者容易受当地气候条件影响而加速风化，这都是我们在预测当地海岸线后退速度时应关注的重点。在北极地区，未来气候变化对永久冻土会产生怎样的影响以及北极海域无冰期的持续时间是决定当地海岸线后退速度的重要因素，我们在预测时应将其纳入考虑。

就河口附近的大小海岸而言，海岸线的移动取决于人们是否进行了泥沙和沉积物补给。例如，在越南湄公河河口，由于泥沙补给，海岸线目前是向海扩展。现在湄公河上还未建有大型水坝(因为该河流经六个国家)，但预计兴建工程很快就会上马。新水坝毫无疑问将阻滞河流运载的泥沙。大坝一旦建成，可以预计，湄公河三角洲的海岸线将快速向陆地退缩。

对河口湾海岸线(如位于美国东部和墨西哥湾海岸的切萨皮克湾和加尔维斯顿湾等溺河谷地的海岸线)的后退速度进行预测，应当将由于海面上升而逐渐被淹的陆地坡度纳入初始估算。陆地越平坦，地上海岸线后退的速度就越快。开阔海岸的情况要复杂得多，由于浪潮造成沙土四处移动并堆积，对当地海岸线后退速度进行预测时，要重点考虑海浪和潮水的进程。

最后，当我们在思考海平面上升、海岸线后退以及两者将如何影响人类的时候，我们务必提醒自己要将那些庞大的冰川纳入考虑，特别是堪称大型冰川巨无霸的西南极冰盖。联合国政府间气候变化专门委员会在2001年的小组报告中曾把西南极冰盖描述为一位“沉睡的巨人”。2006年，进行南极科考的英国南极调查局负责人克里斯·雷普利已改称这个冰原为“苏醒的巨人”。这，就是我们现在必须调整方向、重点关注它的原因。

第四章 庞然大物——格陵兰与南极冰盖

直到坚冰消融，你才明白敌人竟然是朋友。

——爱斯基摩谚语

从某些标准来看，布鲁斯·莫欧利亚（Bruce Molnia）的工作相当有趣。作为美国地质调查局（USGS）的一位冰川学家/地质学家，他一直在阿拉斯加拍摄冰川末端汇入大海的图片。这项正在进行的研究旨在将目前冰川末端的位置与其早期照片进行对比以确定冰川在这些年里的退缩程度。1968年，当莫欧利亚还在美国地质调查局作实习生时，他就在以非官方的身份拍摄这些照片了。到了1998年，内政部长要求美国地质调查局提供“清楚明确”的气候变化证据，这样的拍摄便转而成了官方项目。调查管理员们一致认可阿拉斯加是寻找气候变化证据的最佳地点。与之相关的老照片拍摄于19世纪末到20世纪初，今天莫欧利亚也已拍摄同样地点的90条冰川，这些冰川末端都伸入大海（许多“前期”和“后期”的冰川图片可以访问www.usgs.gov/global_change/glaciers）。

从“十二宫”号小船到第二次世界大战时期扫雷舰，莫欧利亚乘坐形形色色的船只，按照老照片摄影师给出的提示或描述，尽可能地去找寻这些老照片的准确拍摄地点。其间碰到的最大问题就是冰川消退后的地面长出大量植被，茂密得让人几乎无法穿越。按描述从海边出发只需往上走30分钟即可抵达的地方，实际上仅穿越前面的茂林就要花上数小时，还得不时留神寻找原摄影师留下的岩石地标以找出当初的拍摄点。

阿拉斯加冰川的消退程度非常惊人。莫欧利亚指出当冰川在水中崩裂时其消退速度最为迅速。一旦冰川停止往水中滑移并保持在陆地上，消退速度就会极大降低，因为自然融化本身不会对冰川消退产生多大影响。例如，阿拉斯加朱诺的门登霍尔冰川自1760年以来总共消退了3.1英里（5千米），但自打前缘的湖泊形成后，它就一直在崩解，仅仅2000年以来它就消退了约1千米。相似的情况还发生在阿拉斯加其他一些地方。例如，冰川湾的缪尔冰川自1941年以来已经消退了6.2英里(10千米)；威廉王子湾的哥伦比亚冰川自1981年以来消退了8英里(13千米)；而冰冻湾的盖奥特冰川自1900年以来则消退了31英里(50千米)，并且已经分裂成四个小冰川。

在20世纪的百年时间里，美国100 000条冰川中的绝大多数在消退、变薄，或者停止发展。在大约650条已经命名的大冰川中，莫欧利亚发现，仅有20条在最近几年中有所扩展。(阿拉斯加山脉最高海拔处有数十条小型冰川体积也在不断增大，但由于本身规模太小不纳入上述统计)。在他看来，如果阿拉斯加温带冰川全都融化，海平面将上升约2英寸(5厘米)。如果世界上所有的高山冰川都融化，那么海平面将会上升大约1英尺(0.3米)。

在小冰期的冷却期(大约1350—1850年)，阿拉斯加高山冰川明显变长加厚；但随着小冰期结束，冰川开始普遍消退。进入20世纪后，冰川消退加速；到了20世纪晚期和21世纪早期冰川消退进一步加快。北半球和南半球其他地方的温带冰川也在发生类似变化。一些地区由于尘土加重，高山冰川也在加速消融。这些由耕种、放牧以及娱乐活动(也可能是全球变暖)产生的尘土使冰川颜色变暗从而增强了吸收太阳光辐射的能力。据估计，20世纪导致海面上升的水增量中约20%～25%是源自高山冰川消融。仅在智利和阿根廷的巴塔哥尼亚冰原一地，冰川迅速、大规模地消融就为近期全球海面上升贡献了10%的水量。

阿拉斯加缪尔冰川过去和现在的对比：上图摄于 1902 年；下图摄于 2005 年，两者均在同一地点拍摄。在过去的一个世纪，阿拉斯加大多数冰川都在快速消退。如果这些冰川全部融化，全球海平面将上升约 2 英寸(5 厘米)。【爱德华·伯顿·麦克道威尔，1902 年拍摄；布鲁斯·莫欧利亚，2005 年拍摄。缪尔冰川：摘自冰川图片集。科罗拉多州博尔德：美国国家冰雪数据中心/世界冰川数据库。数字媒体。】

除了导致海面上升，高山冰川损失还造成更多其他问题。许多国家和地区主要依靠冰川融水来提供饮用水和灌溉、发电用水。由于冰川损失，高山冰川附近的许多社区必须寻找新的替代水源。玻利维亚的首都拉巴斯和秘鲁的首都利马就是典型例子：这两个主要城市的饮用水都高度依赖冰川融水。印度克什米尔谷地则必须依靠冰川融水灌溉当地大片农田。喜马拉雅山脉东端的国家不丹正在计划将一些村落迁移，因为冰川减损造成的缺水危机迫在眉睫。阿根廷的乌斯怀亚，这座位于世界最南端的城市，甚至可能在2015—2020年间耗尽当地所有的冰川饮用水。在中国的西藏北部，冰川融化导致多个冰川湖泊形成，主要牧场因此被淹没。

人类基本上无法阻止冰川消融。瑞士阿尔卑斯山地区所采取的措施，例如给一些用作滑雪的小型冰川覆上塑料薄膜，也不过是暂时减缓了冰川消融而已。

高山冰川消退至少在未来的一两个世纪会是海平面上升的主要原因之一。但世界上最大的储冰区——格陵兰和南极冰盖才真正是全球变暖趋势下海面上升危机中最举足轻重的角色。

巨大的冰盖

全世界有三个冰盖，其庞大的冰体储存着全世界总淡水量的75%以上。格陵兰冰盖面积175.6万平方英里(455万平方千米)，含冰量280万立方千米。南极大陆有东西两个巨型冰盖，共计含冰量约3 000万立方千米。东侧冰盖面积接近400万平方英里(1 040万平方千米)，西侧冰盖大约为140万平方英里(360万平方千米)。如果格陵兰冰盖完全融化，将会导致海平面上升24英尺(7米)；而储水量惊人的南极两大冰盖一旦融化，则足以使海面飙升187英尺(57米)。

由气候变暖引起的海水热膨胀或多或少呈线性发展：气温升高，海水体积也随之增大，两者的变化成正比。而冰盖融化引起的海面上升则可能是非线性事件，温度上升1摄氏度几乎不会加速冰盖消融，对海平面上升也产生不了多大影响；但温度若继续上升1～2摄氏度，则可能导致冰盖发生大面积的，甚至是灾难性的崩塌，使全世界地势低洼的沿海城市被洪水淹没。尽管对格陵兰冰盖和南极冰盖的动力机制还有待进一步探索，但是很明显，一旦这些冰盖达到某一临界点，冰盖就会崩裂并加速消融，导致海面快速上升。目前我们对冰盖的崩裂临界点还无法明确获知。

根据联合国政府间气候变化专门委员会于2001年发布的第三次评估报告，人们一度认为如果海平面出现上升的话，格陵兰冰盖融化可能起了点作用，而南极冰盖的作用还用不着过多考虑，因为这应该是千年之后才需要担心的问题，而不是眼下的这数十年或数百年。在当时，广阔的南极冰盖还没有证据显示(也许有，但至少当时还未能确认)其冰体有明显变化。但就在最近几年，这种观点已经发生改变。冰盖动力学研究的最新数据显示，南极冰盖运动可能会产生一些意想不到的令人担忧的后果。例如，人们认识到漂浮在南极洲主要冰川边缘的冰架有阻止冰川滑入海中的作用。一旦这些漂浮的冰架发生崩解断裂，冰川就会加快速度滑入海中。

实地研究装备昂贵，开展起来也比较复杂，但却是我们认识冰川和冰盖的主要手段。面积庞大的冰体如何在全球变暖的影响下发生演变？实地观测在这个问题上几乎每年都会向人们提供一些新认知。定性数学建模在目前这个研究阶段可能就发挥不了多大作用，因为关于地球冰体我们还知之甚少，而对于一无所知的事物则无法进行模拟。相反，卫星观测在这个阶段就能发挥大作用。最近10年，通过卫星来观察大型冰盖的演化成果明显，颇受推崇。

3种卫星观测法对大型冰盖的研究起着重要作用。但由于3种方法各有优缺点，所以在研究中使用两种以上的方法不失为一个好主意。

- 卫星测高法是通过测量标高来确定冰盖增长或收缩的方法。这种方法易于捕捉偏远地区的信息，而且可以频繁观测，因此，在获取冰盖即时变化信息方面优势明显。在这一点上，早期派遣调查人员身着厚保暖衣去冰盖地区实地勘察的传统做法明显落后了。但卫星测高法也有缺点，即测高计不能区分软雪和实冰。

- 卫星重力测量法自卫星格雷斯(GRACE)2002年发射升空以来一直被用于全球冰盖研究。这种方法的优点在于通过测量地球引力来确定冰的质量，这样便克服了测高计的不足。如果冰的质量在减少，即可推断冰在损失。值得注意的是，冰川的弹性回升(即上部冰层重量减轻引起下部地表反弹并抬升冰川)可能引起冰体积明显增大(但实际含冰量并未增加)的假象。

- 卫星雷达干涉测量法既可以测量冰体移动的速率也能测定冰川接地线的位置。这些信息与其他卫星数据相结合能进一步增进我们对冰盖运动的认识。

目前，卫星测量数据间接显示三大冰盖对于全球海平面上升的影响还相对较小。根据 IPCC 的估计，每年海平面总计上升 3 毫米，其中南极和格陵兰冰盖消融仅造成海面上升 0.35 ~0.5 毫米。然而最近一项研究表明(下面将详细讨论)：海面上升总值可能是 IPCC 估计的两倍。海洋上层热膨胀使海平面上升每年增加 1.6 毫米，而高山冰川融化每年贡献 0.77 毫米。这些数量貌似不多，但是结合冰盖融水翻番的近况，情况就令人担忧了：近期所有的实地观测都表明冰盖融水在未来数年将会导致海平面明显上升。

格陵兰岛对海平面上升的影响

格陵兰是丹麦王国的海外自治领，地域上属于北美洲，是世界上最大的岛屿。格陵兰南接大西洋北连北冰洋，81% 的面积为冰雪覆盖。这里山脉主要分布在海岸沿线，中部地区由于冰体重压，地表低于海平面 1 000 英尺(305 米)。如果这些冰体迅速消融，格陵兰将是一组中央为海的环形群岛。当然，如果中央大陆岩石圈在冰融解后反弹回来，其地貌则另当别论。

格陵兰面积大约是美国的 1/4。10 世纪前，格陵兰沿海地区被因纽特人长期占据；之后，来自冰岛的维京人在西南海岸定居。公元 984 年，“红发埃里克”因为谋杀指控被冰岛驱逐，他和他的追随者们发现了格陵兰岛并随即安顿于此。但这些斯堪的纳维亚人在此仅生活了约 500 年，大致处于北大西洋地区的中世纪暖期。随着 14 世纪小冰期开始并延续到 19 世纪中期，斯堪的纳维亚定居者慢慢从当地消失。今天格陵兰岛的最西南端仍然保持着当初北欧文明在此繁衍生息的境况。目前大约有 75 000 人在格陵兰岛定居，主要以渔业为生。格陵兰岛有良好的石油开发前景，旅游业也在不断发展，未来格陵兰人口有可能会进一步增长。

现今覆盖着格陵兰岛大部分地区的广袤冰体可能形成于距今约 200 万年的更新世初期，在间冰期期间这些冰体也曾数度消失。例如，在上个温暖的间冰期(距今约 12 万年)海平面比现在略高的时候，格陵兰岛几乎没多少冰。今天，格陵兰冰盖最宽处约 700 英里(1 100 千米)，南北向长约 1 500 英里(2 400 千米)，绝大多数冰盖厚约 1.2 英里(2 千米)，部分地方厚度甚至超过 1.9 英里(3 千米)。在冰盖的边缘环绕着大量狭窄的注出冰川，它们的冰体正在缓慢地滑入大海。

今天格陵兰冰盖底部的一些冰体的年龄已经超过 10 万年，是研究地球历史的好素材。科学家们可以从这些古老的冰体中提取深至冰体底部的长冰芯作为研究对象。

地图显示出格陵兰面积庞大的冰盖。如果冰盖全部融化，海平面将上升 24 英尺(7 米)。地图暗部表示近年来冰体变薄的地区。目前格陵兰冰盖产生的冰雪融水多于南极西侧的冰盖，但本世纪内后者将会超过前者对海洋上升产生更大的影响。【地图由美国航空航天局戈达德太空飞行中心提供】

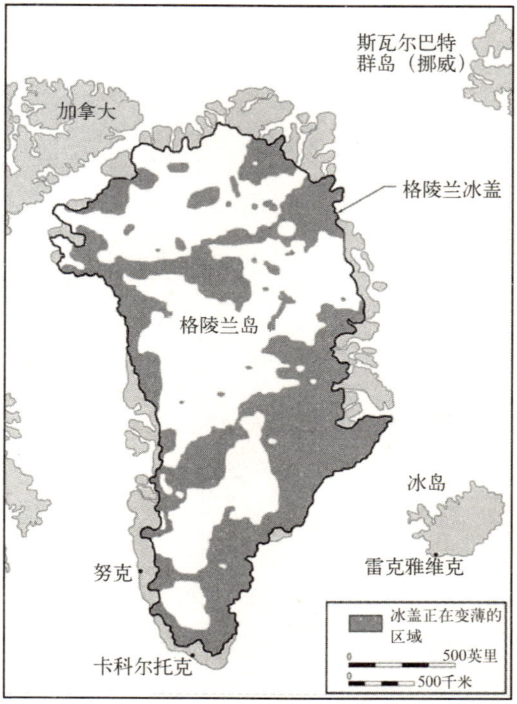

冰盖含有雪片年层，非常像树的年轮。它们是每年雪片落下后通过经年累月的重结晶不断密实化的晶体层，带有各自年份的季节特征。科学家通过对这些年层以及其中所含的灰尘和气体进行研究，可以获得有关大气温度、二氧化碳、火山爆发、森林火灾、大气污染、海水体积、太阳活动变化以及土地荒漠化的宝贵历史数据。

所有冰川都在上层接收降雪并增加冰量，通过崩解（冰体从冰川末端滑入大海并解体成冰山）和一些消融过程损失冰量。消融包括融化、风蚀和流体侵蚀，还有冰蒸发（升华）等行为。消融区位于冰盖外缘，那里冰体的损失量超过增加量。格陵兰冰盖的中央部分每年增厚约 2.4 英寸（6 厘米）；与此同时，冰盖边缘的冰体表面发生消融以及冰山不断崩解滑入海中都在使冰盖损失冰量，也导致海面进一步上升。增加冰量和损失冰量这两个过程的差异决定着格陵兰冰盖对海平面变化的影响大小。

每到夏季，巨大的冰川径流从裂隙倾泻而下，穿过直径 30 英尺（9 米）的坑道（冰川锅穴），将冰体推向大海。近年来这些冰川径流的规模在急剧增大。冰川学家认为它们现在已有足够的水量来充当冰盖漂移的润滑剂。当它们在冰盖底部流动时，加速了冰盖向大海移动，并且最终使其在大海边缘发生解体。这种现象在高山冰川中比较常见，而冰盖延伸的巨型注出冰川发生这样的现象也只是最近才被科学家们观察到。

冰流是主冰体里面流动速度相对较快的冰带，是另一种加速冰体向大海滑移的力量。1991 年雷达干涉测量卫星在格陵兰岛东北部的冰盖内部观测到第一个冰流。研究人员发现格陵兰岛西部的伊卢萨特边际冰川在 2002 年以前一直在消退，之后以每年 9 英里（14 千米）的速度开始向大海移动，有时速度还会骤然增快，据说一度会达到 90 分钟移动 3.1 英里（5 千米）的速度。

最近报道的地壳“热点”（熔融岩石接近地面的地方）可能是造就一些格陵兰冰流的原因之一。地壳“热点”虽然不是冰损失加速的根本原因，但是结合其他因素如冰川融水润滑作用和海平面上升等就有可能导致冰流。

英国广播公司曾报道过这样一个研究结果：美国航空航天局喷气推进实验室的埃里克·里格诺特和堪萨斯大学的帕尼尔·卡纳格拉塔姆发现格

陵兰岛的冰损失在1996—2006年间翻了一番。这个结论是两位研究人员在对冰川的滑移速度和冰川厚度进行卫星重力测量和卫星雷达干涉测量后得出。在另一项研究中，J. L. 陈(J. L. Chen)和他来自德克萨斯大学的同事们使用卫星“格雷斯”来进行相关测量，他们有关目前格陵兰岛冰损失率的数据与里格诺特和卡纳格拉塔姆给出的非常吻合。1996年，格陵兰岛整体冰量损失保持在23立方英里(96立方千米)左右，然而到了2006年，冰量损失估计达到每年70立方英里(290立方千米)，约为1996年的3倍。

格陵兰冰盖夏景：冰川融水从锅穴倾盆而下。这些冰雪融水润滑了冰川底部，使冰川加速向海洋飘移。某些情况下，冰川下方就是湖泊，这使得冰川移动进一步加速。【版权所有者：罗杰·布莱斯怀特/彼得·阿诺德公司】

冰盖边缘注出冰川的冰体损失在加速，这是联合国政府间气候变化专门委员会没有预料到的。科学家们也在运用一些数学模型评估格陵兰冰盖对海平面上升的影响，但谁也没有预测到这种情形。这种情况多见于格陵兰最南端的冰川，但目前已呈现出向岛北发展的趋势，这很有可能是受到全球变暖的影响。格陵兰冰体加速消融无疑将导致海平面进一步上升。

南极洲的未来

科学家们预计下个世纪海平面上升最大的不确定因素是南极洲。南极洲位于地球的最南端，这里狂风阵阵，无比严寒，极度干燥，是(平均)海拔最高的大洲。这里98%的陆地都为冰川覆盖，冰川平均厚度约为1英里(1.6千米)，部分地方冰川厚度超过平均值两倍。除开沿海地带南极洲极少降雪，大部分地区为荒漠，其面积堪称世界之首。

南极洲于1820年被三艘不同船只的船员先后发现。那年的1月28日，俄罗斯探险家法比安·郭特雷布·范·贝林邵森发现了一段被冰层覆盖着的海岸线，这后来被证实为南极洲东部。三天后，英国海军船长爱德华·斯菲尔德观测到了特里尼蒂半岛(位于南极半岛末端)，并注意到那里有岩石露头，因此，断定此处是陆地而非冰川。11月17日，美国的海豹捕猎者纳撒尼尔·帕尔默驾着一艘47英尺(14.3米)长的单轨帆船作业时也发现了南极半岛。不过，第一个踏上南极大陆的应该是美国海豹捕猎者约翰·戴维斯。为了寻找海豹他曾于1821年2月7日短暂上岸。1909年，来自于欧内斯特·萨克尔顿猎人探险队的3名成员率先抵达地磁南极。两年后，挪威人罗尔德·阿蒙森和另外4名队员成为最先到达地理南极的人。

自古以来还没有人长期在南极大陆上生活，但今天有超过4000名来自不同国家的科学家来到这里做暑期研究，他们中还有数百人会在一些永久性研究站里越冬。

南极洲有几种不同类型的海岸，它们对全球变暖的反应各不相同。44%的海岸线是由附着于大陆的漂浮冰川构成。38%的海岸线是冰壁，即接地冰川的边缘，它们慢慢地向海洋移动，其间冰体不断滑落形成漂浮冰山。13%的海岸线有活跃的冰流或注出冰川，它们正在快速解体形成冰山。剩余的5%则是目前唯一能在南半球夏季时间里裸露出岩石的海岸线。

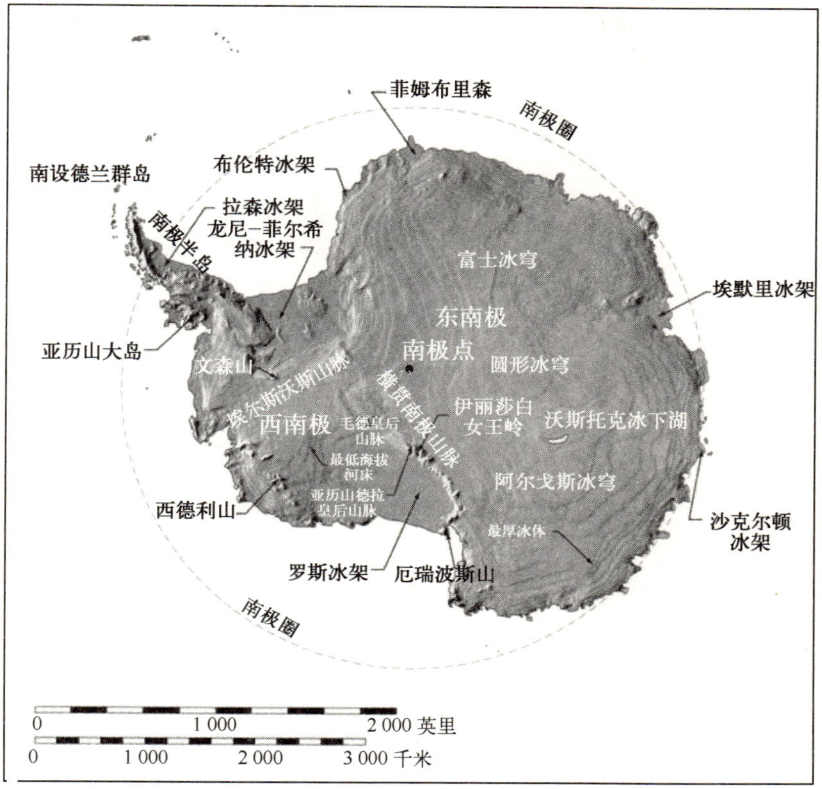

南极洲的两个主要冰盖。目前，只有西南极冰盖对海平面上升造成显著影响。如果它完全融化，海平面将上升 16 英尺(5 米)

截止到2000 年的数个世纪，南极洲的冰体总量均缓慢上升。然而，卫星“格雷斯”最近的重力测量值却显示南极洲处于冰体净损失状态。南极冰盖极为庞大，这些冰体损失虽不至于使南极大陆本身发生巨变，却能对海平面造成巨大影响。

覆盖南极洲的两个主要冰盖中，东南极冰盖的面积要大得多且存在的时间更长，它底部与陆地相接，完全位于海平面以上。这片冰盖一旦融化，将导致海平面上升 164 英尺(50 米)。东南极冰盖目前相对稳定，不会对海平面造成较大影响。近期对东南极洲岩石进行的研究表明，在过去的几十万年里，东南极冰盖的伸缩性要比西南极冰盖弱得多。

正因为东南极冰盖不会大量消融，大多数关注全球变暖的科学家都将视线聚焦在面积较小的西南极冰盖(WAIS)上。相当一部分西南极冰盖坐落于海底岩石圈上，有的深达海面下1 500英尺(450米)处。可以说，它就是一个庞大的海洋冰层，极易受到大气、海水温度以及海平面变化的影响，其水下部分比水上部分更不稳定。一旦某座冰川或冰盖的某一部分脱离对陆地的附着，它将漂浮起来，并且快速移向海中的速融区并发生崩解。上个冰期末底座位于海底的冰川比大陆冰盖消融更快，其原因正在于此。在今天全球变暖的趋势下，西南极冰盖会否全面崩解已成为全球关注的焦点。

如果整个西南极冰盖瞬时融化，全球海平面将上升大约16英尺(5米)，远不如格陵兰冰盖全部融化给海平面造成的影响大。西南极冰盖体积庞大，假定其在1200年内全部融化，那么平均每个世纪海平面将上升12～20英寸(30～50厘米)；如果将期限缩短至500年，那么每个世纪海平面就将上升31～39英寸(80～100厘米)。

南极冰盖的边缘附着了一些宽阔、平坦的冰架。它们是漂浮在海面上、为白雪所覆盖的巨大板状冰川，厚度高达820英尺(250米)。冰架上表面接收的降雪和下部分冻结的海水都能使其冰体增加。西南极冰盖边缘有两个这样的冰架，一个是罗斯冰架[197 175平方英里(510 680平方千米)]，另一个是龙尼－菲尔希纳冰架[169 850平方英里(439 910平方千米)]，两者面积都接近得克萨斯州。由于边缘常有冰体崩解或滑落，这两个冰架成为当地漂浮冰山的主要来源。不过，它们对海平面上升不会产生重大影响，因为其冰体本身就来自冻结的海水。

南极半岛的拉森－B冰架面积相对较小，约1 255平方英里(3 250平方千米)。它于2002年1—3月间发生崩裂。此次崩裂不仅被卫星“捕获”，英国科学调查船“詹姆斯·克拉克·罗斯”号上的科学家们以及进行低空飞行的美国和阿根廷的冰川学家们也都亲眼目睹。其总计约1 000英里(2 600平方千米)的冰体发生崩裂，形成数以千计的大小冰山四散漂移。据描述，崩裂一旦开始速度就会逐渐加快，绝大部分冰体的崩解发生在3月5—7日这短短数日。2009年3月，南极半岛的威尔金斯冰架也开始出现崩裂迹象。崩裂同样发生在北半球。2008年8月，20平方英里(50平方千米)的马卡姆冰架从加拿大的埃尔斯米尔岛边缘崩解脱落。

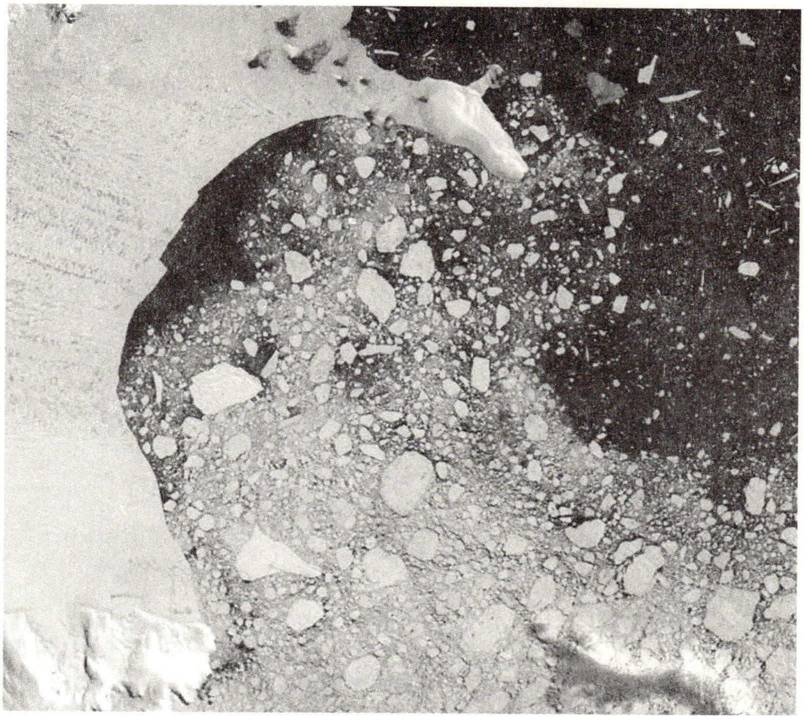

2002 年初，南极半岛的拉森－B 冰架在 35 天内崩解。冰架是海水冻结后形成，降雪使其冰体逐年增加。冰架可以阻止冰川从内陆向海洋移动；而它们一旦崩裂，冰川将加速漂移。如果南极大陆的罗斯冰架发生类似崩解，海平面上升速度将大大加快。【图片由“陆卫 7”号科研小组和戈达德宇宙飞行中心美国航空航天局地球观察天文台提供】

接地冰和浮冰的分界线叫做接地线，它随着冰盖的扩张和收缩来回移动。当接地冰移至海边并开始漂浮，接地线周围的冰体便大面积融化。随着海水温度的缓慢升高，冰体水下部分融化得更快。在两万年前冰河时代的鼎盛时期，接地线要比现在更加突向海洋，甚至突出大陆架边缘。

可以预料，西南极冰盖与阿蒙森海相接处冰体的融化将导致大片冰盖随之崩解。因为这部分冰体坐落在海底山脊上，它们一旦消融，冰盖的新临水面会退却至海底谷地，海水浸泡面积增大，将导致更多冰体“漂浮”、加速流动并在边缘位置发生崩解。

西南极冰盖接地的一些冰体会被内部快速流动的冰流裹挟着向大海漂移。这与格陵兰相似，冰流载动是接地冰体移入海洋的主要动力。西南极冰盖的冰流有6 500英尺(2 000米)厚，18～50英里(30～80千米)宽，在冰盖内部延伸185～300英里(300～500千米)。这些冰流以每年高达1.2英里(1.9千米)的速度在高速流动。与之相比，冰流之间冰盖区域冰体的移动速度仅为每年16英尺(5米)。

这些冰流本质上是冰盖内部快速流动的冰体，其底部通常有饱水沉积物。与格陵兰岛的情况相似，南极的冰流可能也受到基岩表面水流的带动。某些情况下，这些冰流实际上就在基岩上方的冰川湖泊上漂移。冰流的速度随着时间的变化而变化，每条冰流都有其独特的流态。它们未来的发展是决定西南极冰盖稳定性的关键所在。如果这些冰流保持活跃，长度不断增加并且向南极大陆的中央区域进一步延伸，南极冰盖的冰体损失速度也会相应加快。

在南极洲，春天满月时引发的高位潮汐会对注出冰川产生影响，造成离海最近的长达数千米的移动冰川上浮。这种上浮减小了冰川与陆地间的摩擦，冰川流速因而会加快数小时。这种现象目前在格陵兰岛还未被观测到，但它极有可能是冰川加速崩解和融化的原因之一。

2007年3月，由25名欧美极地冰川专家组成的国际科研小组在得克萨斯州的奥斯丁举行了西南极冰盖对海平面影响的评估研讨会(WALSE)。3月28日专家组发布新闻通报，认为西南极的冰架和冰盖都在变薄，一些地方甚至是以“不可思议的速度”在加速消融。专家组指出，在接地冰盖的某些地点存在“消融失控”的可能性，但由于目前尚不清楚其发生过程而无法进行准确预测。他们猜测全球变暖导致风的形态发生改变，造成冰盖边缘附近相对较暖的水流(来自绕极深层水)加快上涌。这些暖流继而又加速冰架边缘融化，使冰体流动更加。据估计，2006年南极冰川融化共计造成全球海面上升0.5毫米，这与格陵兰融冰造成海面上升的估计值差不多。目前这种观点得到广泛认可。

但上述这些看法还只是基于短期观测，至于这种冰体高速消融的情况会否持续甚至加剧目前还不得而知。大多数观测者都认为是全球气候变化正导致冰雪消融模式发生改变。如情况属实，这种短期出现的高速冰体消融很可能成为常态。格陵兰和南极冰盖的消融会在两者之间形成一种回馈关系。无论两者中谁发生融化或两者都融化，都会加速其他冰盖消融并造成海面上升。如同春潮抬高注出冰川，海面上升也将抬高冰盖。无论这种抬升多么轻微，都将加快冰体崩裂和流向海洋的速度。

2008 年埃里克·里格诺特及其同事在《自然－地球科学》的一份报告中指出：南极洲中部在增加冰量，但其边缘地区却在以更快的速度损失冰量。他们将 1996 年、2000 年和 2006 年冰损失的数据就行了对比：1996 年南极冰损失估值为 1120 亿吨（相当于造成海面上升 0.3 毫米），而 2006 年则有 1 960 亿吨（相当于造成海面上升 0.5 毫米），增长超过 75%。研究者们通过对冰盖损失值（使用卫星雷达干涉测量法）与数模年降雪量（最薄弱数据）进行比较得出上述数据。

值得注意的是，2006 年科罗拉多大学的科学家伊莎贝拉·威力克格纳和约翰·沃尔通过观测发现（基于卫星“格雷斯”测得的重力数据）：南极冰盖面积正在以每年多达 36 立方英里（150 立方千米）的速度缩减，这佐证了里格诺特的结论。1991 年政府间气候变化委员会基于计算机模拟提交的第三份报告曾预测南极洲的冰川量非但不会减少，而且还将增加（至少在一定时期内）。这个结论是建立在海水变暖会造成降雪量增加的判断之上。但从目前的情形来看，以此建立的预测数学模型明显有误。

本世纪格陵兰和南极冰川会加速消融并造成大灾难吗？我们的观点是，海平面若是上升 3 英尺（1 米）将会引发灾难，若是上升 7 英尺（2 米）对人类来说将是灭顶之灾，而本世纪海面再进一步上升也不是不可能。在 2008 年 9 月的《科学》杂志中，泰德·普菲尔和他的同事基于气候模型和冰川变化历史对海平面上升做出假设，认为本世纪海面上升最多会达到 7 英尺（2 米）。英国南极调查局的大卫·沃恩则认为西南极冰盖发生崩裂的可能性真实存在，但他和他的同事同时也强调“目前冰川的变化仅仅是这 10 年的正常情况抑或是冰川开始完全消退的标志，这还不得而知。”2009 年《科学日报》的一篇报告评述了哥本哈根大学教授亚斯拉克·格林斯提与其同事发表在《气候变化》期刊上的文章，认可本世纪内海平面至少会上升

3.3 英尺(1 米)这一观点。

美国国家航空和航天管理局的气候学家詹姆斯·汉森认为海平面大幅上升极有可能。汉森说:“冰盖消融有可能会持续数世纪。然而，一旦冰盖表面出现大面积消融，我们便不能排除10年内发生巨变的可能性。”

目前，由于冰川消融模式的多样性以及对数量庞大的冰川全都进行实地和卫星观测还存在一定难度，我们还无法明确冰川未来发展的具体模式。但有一点很清楚，与政府间气候变化专门委员会含混的评估相比，大多数科学家对未来海平面上升的预测都更具体更清晰。他们倾向于这样的结论：西南极冰盖和格陵兰冰盖在发生巨变，这将导致海平面上升速度大幅加快。种种迹象显示这种巨变可能会是长期现象而非短暂的异常行为。为了勾勒出冰川变化的本质特征，我们需要加大力度对世界各地的冰川进行实地和卫星观测。

对潜在的灾难采取防范措施极有必要，为此我们建议政府将2100年前海平面将上升7英尺(2 米)纳入考虑以便更好地防灾减灾。而沿海地区的管理和规划部门也应该秉持冰盖将继续并加速融化的认知来开展各项工作，这才不失为应对海平面上升这一趋势谨慎而稳妥的做法。

第五章 反驳之声

……所有眼睛都大睁着却什么都没看见。

——威廉·莎士比亚，

《特洛伊罗斯和克雷西达》，第1幕，第2场

数以千计的验潮仪记录(一些甚至可以追溯到一个多世纪前)表明，海洋正在不断扩展。多年来卫星对海平面进行的测量也显示出海洋相同的变化趋势。各种现场迹象，如沿海潟湖边到处是根部浸泡在海水里的死树，海岸平原的堰洲岛上剥蚀情形无所不在，海水浸入滨海含水层，沿海城市排污管道淤塞等，都反映出海平面正在不断上升。此外，世界各地高山冰川自20世纪中叶以来正以惊人速度消退，目前最新也更重要的迹象——世界上最大的冰原正在崩解，都预示着海平面将继续并且极有可能加速上升。

然而，有少部分群体仍坚持声称海平面上升的问题被过分夸大了。持这种论调的人群各种各样，但绝大多数出自非科学家群体，如保守智囊团、某些政治保守派(尤其是保守派脱口秀主持人)、自由主义论者、特殊利益集团、煤和石油企业(因社会各界关注全球变化而自觉利益受到威胁)等。

这些反对者将矛头指向阿尔·戈尔的纪录片——《难以忽视的真相》。2007年，当诺贝尔和平奖被宣布共同授予阿尔·戈尔和2 500名联合国政府间气候变化委员会的科学家们后，责难之声便汹涌而至。福布斯新闻网的早间新闻评论员在报道获奖消息时率先发难："阿尔·戈尔能跟亚西尔·阿拉法特和"疯狂的卡特"(前美国总统吉米·卡特)相提并论吗?"从那时起，声讨之声便不绝于耳。

戈尔之所以引起轩然大波，是因为他在纪录片中指出部分格陵兰和南极冰盖解体可能会导致海面上升 20 英尺(6 米)。这几乎是证据确凿的事实。然而，一些反对者刻意歪曲这段话，说戈尔对海面上升的预判与 IPCC 的说法相矛盾。实情并非如此：两者对海面上升的认定是一致的，不同的是当时后者低估了格陵兰和南极冰盖消融对海面的影响。

反对者都有哪些

当前，对海平面上升以及上升程度和原因的科学共识持反对意见的人形形色色，各有立场。就其反对的内容来看(不得不说部分人的理由相当荒谬)，这些人可归纳为以下数类。

否定者

尼尔斯·阿克塞尔·穆勒，斯德哥尔摩大学教授。他的观点是：海平面上升是“史上最大的谎言 ”。

罗伯特·费利克斯，《不是火就是冰》一书的作者。他认为：大西洋(以及印度洋、太平洋和北冰洋)的海平面正在下降。

误导者

格伦·贝克，福布斯新闻评论员以及《难以忽视的书》一书的作者：戈尔预估海平面将上升 240 英寸(610 厘米)，这比 IPCC 的估值中间数 15 英寸(38 厘米)要高出 16 倍(贝克比较的两个数据风马牛不相及：戈尔的估值以冰原消融为前提，而气候变化委员会的估值并未将格陵兰和西南极冰盖消融对海面造成的影响计算在内)。

帕特里克·迈克尔，卡托基金会研究员：阿尔·戈尔的纪录片将海面上升夸大了约 20 倍(这个数据就更离谱了)。

诽谤者

克里斯托弗·蒙克顿，玛格丽特·撒切尔的前政策顾问：他在最近一次由哈塔兰研究所举办的 2009 年国际气候变化大会主题演讲上对戈尔的观点嗤之以鼻：“第二次世界大战中那些把人吓得尿床以为世界末日来临的空袭警报，后来又怎样呢？那些见风就是雨的人干嘛不直接说人类就要灭亡了？”

他接着又说：“现在某些人就想夸大事实，何不干脆再夸大一些：海面将上升既不是戈尔的 20 英尺(6 米)，也不是汉森的 246 英尺(75 米)，直接说是 2 640 英尺或半英里(805 米)。保管你在这里刚一说，那边《纽约时报》就有个叫安迪·拉夫金的家伙马上就让你上头条。”

不可知论者

理查德·S·林德森，麻省理工大学教授：“平均来看，格陵兰冰盖实际上在增大，由此产生的压力迫使冰川向海洋移动。”(林德森认为格陵兰冰盖不会导致海平面上升，这个说法几乎可以肯定是错误的。)

S. 弗雷德·辛格，弗吉尼亚大学名誉教授：西南极冰盖将继续融化(除非新的冰期来临)，6 000 年后将彻底消失(按辛格的估算，海平面上升将十分缓慢。换言之，海面上升在千年后才会对人类形成威胁，并不是这代人迫在眉睫的危机)。

阿瑟·罗宾孙，俄勒冈科学与医学研究所研究教授：在接下来的 200 年内，海平面预期将上升约 1 英尺(0. 3 米)(即使抛开格陵兰岛和南极洲可能的影响，这个预期值肯定远远低于海平面上升值)。

科罗拉多州公共卫生和环境司理事吉姆·马丁曾这么说道：“所有气候变化方面的科学家要召开会议的话，一个巴掌大的场所就足矣。”虽然加上那些持怀疑态度的科班研究员们，实际会议场合要大得多，但其中否认全球变暖的人为因素、拥有高学历且真正研究地球或大气的科学家，人数的确非常少。

许多著名的怀疑论者并非科学家，即使是专家，也从事的是非自然科学领域的研究。诚然，在应对海面上升危机方面，经济学家、社会学家、政治学家和许多其他专家必须参与进来指导社会决策。然而，要了解未来冰原和大气温度的发展趋势、二氧化碳减排的影响、海平面上升速度和全球变暖对生物圈的影响，还必须借助自然科学家。

加州大学圣地亚哥分校科学史学家纳奥米·奥里斯克斯主持了一项研究，对全球气候变化问题上形成的科学共识和媒体反应进行调查。在 900 多份有关全球气候变化的科技论文中，她发现所有论文都或含蓄或明确地指出全球气候变化有人为因素的影响。但在对媒体报道和大众文学进行检索时，她发现大约有 50% 的文章质疑全球变暖与人类活动有关联。

媒体本身往往就是问题所在。有部分记者总是热衷于专家间的争论和针锋相对的观点，即使是科学界内部的一个小分歧有时也会被他们大做文章。新闻界的这种做法给公众造成了错误的印象，即在全球气候变化问题上专家们的观点靠不住。

尼尔斯·阿克塞尔·穆勒教授，著名的反对派，《海面上升，史上最大谎言》一书的作者。【照片由尼尔斯·阿克塞尔·穆勒提供】

争议双方的代表人物

人们对未来海平面上升持有各种观点，争议不断。在支持和反对的阵营中各有一位非常著名的代表人物：一位是瑞典地质学家尼尔斯·阿克塞尔·穆勒，另一位是美国气候学家詹姆斯·汉森，他们代表了这所有观点的两个极端：前者对海平面上升持全然否定态度；后者则是支持者阵营中最有能力且颇受人尊敬的学者，他认为未来海平面不仅会上升，其上升的程度还极有可能引发灾难。

尼尔斯·阿克塞尔·穆勒

在批驳全球海面上升的反对者阵营中，穆勒因其学科背景特别令人印象深刻。他曾任斯德哥尔摩大学古地球物理和地球动力学系主任；在1999—2003年期间，他担任国际第四纪研究联合会海平面变化与海岸变迁研讨会主席；此外，他还发表过大量有关海平面上升机制的论著。穆勒个性活泼，生活丰富多彩。他热衷于占卜术（占水术），巫师欺诈“克星”詹姆斯·兰迪曾因此向他下战书要求他证明自己的占水能力，穆勒当然拒绝了这个要求。

穆勒的主要观点如下所述。

- “海平面绝不是处在上升过程中，我们完全可以从世界即将被淹没的预言中解脱出来。大约40年后，我们将迎来一个新的太阳活动萎靡期，可能会因此经历一个新的小冰期。”
- “如果走遍全球，你会发现没有哪个地方出现了（海平面）上升。”（穆勒认为海平面上升只存在于计算机模型而不是现实世界中，这也就从反面否定了大量实地考察证据。）
- “图瓦卢环礁周围的海平面没有上升。有人把海水浸入地下淡水层作为海面上升的证据。这事在当地的确有发生，但这是因为日本菠萝种植场过度用水榨干了岛上淡水层，使海水近年来在台风的推助下入侵岛屿地下含水层。”（可许多没有菠萝种植场的环礁上也在发生海水入侵。海平面上升对于全球的环礁岛国来说是真实存在的威胁。）
- “印度洋的马尔代夫群岛，海平面非但没有上升，反而因为蒸发作用正在不断下降。”（蒸发作用可能导致当地海平面发生变化，正如风暴、刮风或降雨模式变化、珊瑚礁死亡等许多其他事件也有可能导致地方性海面变化一样，但是目前所有迹象都显示马尔代夫的海平面正在上升。而且颇具讽刺意味的是，世界各地都在热议马尔代夫或将成为全球海面上升的第一批牺牲品。）
- “验潮仪数据不可靠。”（验潮仪数据有时确实不能真实反映海洋体积变化所导致的海面变化，因为验潮仪不能区分地壳运动造成的海面变化和全球海洋水量增减造成的海面变化。但是目前正在使用的验潮仪数以百计，其测出的海量数据压倒性地证明：海洋正在上升。）

• “卫星数据显示出海平面在上升，但这些数据被政府间气候变化委员会处理（篡改）过，目的就是为了证明子虚乌有的海面上升。”（为了得出测量的最终结果，卫星测得的数据必须经过“加工”——这不是篡改，而是依据大气状况进行的数据整理。对所有的数据都进行伪造，这个阴谋也太大了，那得有数不胜数的科学家参与其中。若要认为所有参与卫星研究的数量众多的科学家全都不诚信，这恐怕说不过去，也是在无理取闹。）

• “与大气中二氧化碳的含量相比，太阳辐射产生的热量与海平面变化的关系更密切。目前正处于太阳黑子周期的高峰期，对我们来说更应该担心高峰期后降温所造成的海面下降。”（除了第 2 章讨论过的其他因素，太阳辐射变化确实也会对全球气候产生影响，但它并不是造成当今海平面上升的主要原因。最近数十年太阳能输出总量仅在 0.1% 的幅度内变化，还不足以对当今全球气候变化造成重大影响。）

• “撰写 2001 年政府间气候变化委员会海平面上升报告的 22 人中没有一位是研究海平面上升问题的专家。”（事实并非如此。）

詹姆斯·汉森

詹姆斯·汉森应该算是全美顶级的气候学家，他既推崇数学建模在预测中的运用，同时也密切关注地球的真实状况。他是美国宇航局戈达德太空研究所主任和哥伦比亚大学地球与环境科学学院兼职教授。汉森沉稳内敛，坦诚耿直，他总是呼吁其他科学家走出实验室，走进公众视野。他正是那种罕见的既能面对公众又言行谨慎的科学家。

2006 年，汉森的公众形象得到了极大提升，这得归功于一位年仅 24 岁由政府委派的美国航空航天局公共事务官乔治·多伊奇。后者一度禁止媒体采访汉森，并下令其他行政官代替汉森出席公众演讲。后来因被查出在个人履历表中伪造得州农工大学学位，多伊奇被迫辞职。这件事是当时暴露出乔治·布什政府试图遏制科学并封锁全球变暖消息的众多事例之一。辞职事件最后让政府适得其反：汉森一夜之间变成了媒体竞相追逐的名人，他可以在更大范围内发出全球变暖将引发海面上升的警告。

詹姆斯·E·汉森博士，杰出的气候学家，就职于美国国家航空航天管理局。乔治·布什执政期间，他因其上司千方百计阻挠他公开发表全球变暖演说而备受瞩目。【照片由詹姆斯·汉森提供】

汉森指出 IPCC 的错误：民众应当及时了解南极和格陵兰冰原正在发生的变化，而该组织在这个方面表现得过于沉默，没有用足够强硬的声音警醒世界可能存在灾难。在 2007 年《科学》的一篇报告中，汉森分析了政府间气候变化委员会以前的预测，认为委员会对二氧化碳的估值是正确的，然而气温实际增长的速度更快一些，海平面上升则明显快过委员会的预估。

在 2007 年《新科学家》的采访中，汉森就像阿尔伯特·爱因斯坦一样坚信，在关键时刻公开事实是科学家的责任之一。他也不赞同科学家完全充当客观事实的机器并克制住自己不发表任何个人看法(哪怕是在自己最擅长的领域)。“科学家在研究前沿所掌握的东西与应该知道这一切的民众实际上所了解的东西，两者之间存在着很大的差距，”他说，“部分原因是专业术语造成的。”另外，科学家们出于谨慎或者担心失去基金支持也使

"科学家说出的内容有所保留。"

在政府间气候变化委员会考虑的所有问题中，汉森认为对人类社会来说最需要应对的是海平面上升危机。这是出于对自然惯性的考虑。具体来说，冰原一旦开始消融，能否停下来就是个问题。在他看来，大气中二氧化碳含量达到 350×10^{-6}就会引发海平面上升。而目前二氧化碳的含量已经达到385×10^{-6}，并且还在继续增加，因此，他强调二氧化碳减排的任务迫在眉睫。（我们认为将 350×10^{-6}这个数值确定为临界点可能不够严谨，因为数学模型中不确定的因素太多，模型预测可以保证准确性的临界点应该是在300×10^{-6}到400×10^{-6}之间。）

汉森对政府间气候变化委员会的其他几项预测数据不大认可。按照委员的气温估值，他认为冰原崩解的情况会比委员会给出的评估结果更严重。汉森尤其担心科学界采取一贯稳妥保守的态度——这是科学界长期保持沉默的后果。在一篇海平面上升预测的报告中，委员会就以 1993—2003 年这 10 年南极冰盖的消融量和格陵兰冰盖一半的消融量作为冰盖消融的速度依据去预设 2100 年会发生的情况。在汉森看来，冰盖消融速度呈线性变化的假设毫无意义，实际情况是自 2003 年以来，这些大冰盖的融化速度已经加快了。

如此看来，在海面上升的争论中存在两个极端：穆勒完全否认海平面上升；而汉森则认为政府间气候变化委员会对海平面上升的估值过于保守。汉森说到 2100 年海平面上升将高达 15 英尺（4.6 米），这并不是在进行预测而是表达一种可能性，但这个可能性并不离谱，人们需要慎重看待。

我们的看法与汉森一致。低估或者否认全球变暖的人几乎可以肯定是做了错误的判断。要对未来海平面上升做具体评估，目前仍有许多不确定因素需要考虑，其中最重要的就是全球冰原的活动特性。汉森慎重地警告，这些巨大冰体可能已经达到并超过崩解临界点，所有担心海洋上升的人应该立即采取行动。

海平面上升与北极熊

宾夕法尼亚大学沃顿商学院采取一种比较奇特的方式来驳斥全球变暖。其市场营销教授斯科特·阿姆斯特朗声称，政府间气候变化专门委员会2007年报告中的一个章节参考了650篇文献，却没有哪一篇使用了他称之为“基于证据的”预测方法。在当前自然预测的研究领域里，各种论文都没有引用他认为应该引用的文章或遵循他所推崇的标准，因此，他这样总结道：“我们一直无法找到一个科学的预测手段来支撑全球变暖的结论”，“迄今为止，我们还没有看到任何一个有关海平面的预测采用了恰当的（科学）预测方法。”

阿姆斯特朗是《预测原理》一书的主编和主要发起人。参与撰写此书的40位作者据说都是预测方面的专家，但他们中却没有一人是自然科学家。该书旨在为经济学、社会学和心理学等领域的预测研究提供指导。在阿姆斯特朗看来，基于证据的研究方法，或者说科学预测的程序，其原理就是预测过程必须在很大程度上满足多达140项的各种原则指标，才能获得足够准确的预测结果。这些原则包括“在预测方法上和决策者保持一致”、“对不同预测方法获得的结果进行综合”、“对假设的效度进行检验”等。许多原则在他们从事的领域里或许有效，但若用在自然科学和全球变暖的预测研究中，却是貌合神离，完全不具可操作性。

当然，政府间气候变化委员会的数学模型遭到批评不完全是没有道理的。事实上，正如第三章所讨论的，我们对定量数学模型也心存疑虑。然而，自然科学毕竟不是社会科学，沃顿商学院的阿姆斯特朗等人所倡导的预测方法并不适合自然过程预测的研究规则。

阿姆斯特朗用自己的原则——大多数自然科学家对此闻所未闻，对自然科学研究评头论足，这不仅傲慢而且具有一定危险性。说其傲慢是因为他把自己学科的法则凌驾于其他学科之上。这就好比用犹太教的传统去约束基督教徒，或者批评一位大厨说他不该做汽修工才干的脏活一样。而危险在于如果与阿姆斯特朗的原理不一致，就可能有人借此否定科学家们当前对气候和海面上升所做的大量研究或者拒绝承认其他自然科学领域里取得的科学结论，旨在糊弄不明真相的大众以达到自己不可告人的目的。

不幸的是，这样的事情已经发生了。为了阻止北极熊被列入濒危动物名单（因为这对北极开发不利），阿拉斯加州政府雇用阿姆斯特朗及其团队来分析美国地质调查局的研究报告（后者认为北极熊应被列入濒危动物名单）。众所周知，北极熊主要依靠海上浮冰来猎获其主食——海豹，而美国地质调查局正是基于北冰洋浮冰正在不断融化消失的事实，做出了到2060年会有2/3的北极熊将会灭绝的判断。

按照阿姆斯特朗及其团队的分析，美国地质调查局对北极熊展开的一项重要研究中，他所主张的140项原则中有72项未能满足。仅仅通过查阅调查局的科研论文阿姆斯特朗等就可以断定这140项原则符合与否，这未免过于轻率而不得不让人对其结论生疑。

然而恰恰是基于阿姆斯特朗的结论，阿拉斯加州政府在新闻发布会上公然宣称美国地质调查局关于北极熊濒危的判断是“没有根据的猜想”。但就在2008年5月，乔治·布什政府的内政部长德克·肯普索恩还是迫不得已地宣布将北极熊纳入濒危动物名单。北极熊由此成为全球首个因气候变暖而被列入濒危名单的动物。肯普索恩在他的发言中小心翼翼地向阿拉斯加州人民保证，这个结果不会对美国北极地区未来的开发产生太大影响。

阿姆斯特朗在这个事件中丧失了对事物本质的判断。不错，预测全球变暖的确困难重重，但并不能因此否定全球气候正在变暖的事实。就像我们之前说过的，科学界已有足够多的实地考察数据来证明这一事实。

将来我们或许还会看到沃顿商学院发表许多类似的报告对严密开展的气候和海平面研究进行方方面面的攻击和否定。这其中的巨大隐患不言而喻。除非更多公众能够认清阿姆斯特朗“基于证据的科学预测法”貌似真理实则谬论这一本质，否则自然科学界将无法从根本上遏制并消除其造成的危害。

炮制疑云

工业集团对海平面上升持否定看法。显而易见煤和石油带来的利益催生了这一否定立场。2006 年，英国皇家学会以确凿的证据证实了工业集团和反驳全球变暖的组织之间存在着种种关联。全球变暖反对组织曾给埃克森－美孚公司写过一封信，抱怨其给气候变化研究提供基金。但据皇家学会调查，埃克森－美孚公司确实向 39 个组织提供了 290 万美元的研究资金，不过其目的是支持这些组织搜集证据来歪曲和否定全球变暖的科学性。

在一篇题为《烟、镜子和大话：埃克森－美孚公司如何采用大烟草公司的策略制造气候变化疑云》的报告中，美国忧思科学家联盟提出了相似的观点，指出在 1998—2005 年间，埃克森－美孚公司共向 43 个机构提供资金 1 600 万美元，这些机构包括：美国资本结构委员会、美国企业研究所、美国立法交流委员会、卡托研究所、竞争企业协会、自主前沿研究所、乔治·C·马歇尔研究所、美国传统基金会、国家政策分析中心和华盛顿大学韦登鲍姆中心等。

埃克森－美孚公司资助的财产与环境研究中心用心最为险恶。该中心助理研究员霍利·弗雷特韦尔在 2007 年出了本名为《天不会塌下来：为什么要淡定看待全球变暖》的儿童读物。这本书（33 ~ 36 页）认为全球冰原融化不会对全球海平面上升产生太大影响——海平面上升 200 英尺（61 米）的"影响"居然"不算太大"！这绝对是我们见过的最不负责任的言论了。

乔治·华盛顿大学环境与职业健康教授、前克林顿政府能源部环境问题助理秘书大卫·米歇尔指出：在美国，如果某项科学研究在某种程度上威胁到一个行业，往往就会遭到来自这个行业的诽谤和攻击。一些企业常常通过渲染不确定性或者炮制疑云来模糊甚至否定某项研究的科学性。

不确定性是科学的固有属性，而美国一些企业正是利用这一特性来炮制疑云。斯克里普斯海洋研究所气候专家理查德·萨默维尔这样说道，"在所有大大小小各式各样的自然科学研究中，科学家们提供的证据从逻辑上来说不可能是毫无瑕疵的。但是通过仔细研究、反复检验、不断修正，科学探索最大程度上可以形成某种有说服力并且有影响力的科学共识。”

在《科学与措辞》一书中，利亚·切卡莱利把在科学不确定性上展开的争论称作“人为争议”。她认为“科学家们将大量时间都花在对科学不确定性的人为争论上是不合适的，这只会让决策者在问题的切实解决上一再拖延。”而在全球气候变暖与海平面上升问题上，某些人正不断利用科学不确定性制造争议。他们往往辩称说，这样的争论很有必要，他们不过是在遵循科学原则。诚然，保持怀疑、认清事物的两面性并主张公开讨论是科学探索的应有之举，但产生的问题就是这些似是而非的人为争议难免不会混淆视听。为此，切卡莱利建议道：“对于那些以科学的名义大量炮制争议的人，很有必要揭露其背后的真实动机”。

炮制疑云的专业户为数众多，史蒂夫·米洛伊就是典型。他创办了名为“垃圾科学”(JunkScience. com)的网站并声称，谁能提供科学依据证明全球变暖乃人为所致，他就奖励谁12.5万美元。当然，米洛伊这笔钱不过是做做样子，最终是花不出去的：他要求对方提供这样的证据——要么证明当前气候变化为人类行为所致，要么证明其与人类行为无关，前者纵然无可争辩，但其有效性得凭他自己说了算；后者违背客观事实，根本就不可能存在。

作为福克斯新闻“垃圾科学”的专题记者，米洛伊一直以来与菲利普·莫里斯烟草公司、R. J. 雷诺兹烟草和埃克森-美孚公司进行合作并创办了几个非营利性组织，其目的就是专门给环境科学找茬。他提供过所谓的“专家意见”，如支持使用石棉、杀虫剂滴滴涕和食品及药物管理局(FDA)明令禁止的食物，反对《清洁空气法案》和通用电气公司的绿色创想等。事实上，被米洛伊定义为垃圾的科学恰恰搅动着某些工业巨头的神经，令其寝食难安。

这种利用科学的不确定性制造争议的做法干扰了公众对气候科学的了解和认知。在全球变暖的细节性问题上，当然也存在着合理的担心和质疑。在这样的情况下，可以想象，大多数公众因缺乏相关学科背景而对争议难辨真伪(即科学的争议和炮制的争议)，他们对全球变暖的科学事实将信将疑，态度也摇摆不定；同时，一些政客和决策者则借此为自己在应对全球变暖问题上的不作为找寻借口。

争议炮制者的资金来源往往不为人知。位于俄勒冈州临洞镇的俄勒冈科学和医学研究所就有一位名叫阿瑟·罗宾孙的付费的专职争议炮制者。根据《来源检索》，该研究所 2005 年进账一百万美元，其来源不清楚。1998 年，俄勒冈科学和医学研究所因牵头一份寄给数千名科学家的请愿书(即“俄勒冈请愿书”)而声名大噪。该请愿书附上了一篇谎称转载自《美国国家科学院院刊》的科学论文，极大地误导了公众。罗宾孙还与他人合作撰写了论文《大气中二氧化碳增加对环境的影响》，认为全球变暖的负面影响被过分渲染，他由此呼吁读者签署请愿书来支持其观点。

罗宾孙声称他最终获得了 19 000 个签名。但随着事情的发展，他承认签名者中几乎没有从事气候研究的科学家。此外，由于罗宾孙没有提供签名者的地址和所属单位，请愿活动的有效性遭到公众的进一步质疑。人们还发现签名者中不乏虚构人物，如电视剧《风流医生俏护士》中的角色 B. J. 哈尼科特医生、本杰明·皮尔斯和弗兰克·伯恩斯等。

2008 年，一篇全新但标题相同的论文与一份驳斥全球变暖的请愿书出现在全国各地科学家的邮箱里。这篇论文同样由罗宾孙和他人合撰，转载自 2007 年出版的《美国内科和外科医师学会会刊》。该期刊的名字看似专业，实际上却是自由论者的政治宣泄平台。论文中说二氧化碳浓度升高更有利于植物生长。而且，通过控制化石燃料的使用来减少二氧化碳排放将会对第三世界国家产生不利影响。罗宾孙认为，海平面每百年上升 7 英寸(18 厘米)的趋势已经持续了 150 年，海平面上升在时间上早于碳氢化合物的推广使用，因此，两者没有必然联系。根据过去海平面曲线上升和平缓交替出现的模式，他推测未来两百年内，海面也就上升 1 英尺(0.3 米)左右。罗宾孙这个说法与实际情况完全不符，目前任何已知的海面观测或模型预测结果都能说明他低估了海平面上升的程度。

在所有类似的民意调查中，彼得·多兰和玛吉·齐默尔曼主持的最具有参考价值，调查结果在美国地球物理学会会刊《厄俄斯》上发表(2009 年

1 月 9 日版）。调查对象是美国地质研究所地球科学部名录上的 3146 位地球科学家。在这个把关严格的调查中，82% 的科学家认为人类活动对全球变暖有影响。从不同的学科领域来看，石油地质学家中仅有 47% 认同这个说法，而气候学家中支持这个观点的则多达 97%。

《时代周刊》、美国有线电视新闻网、福克斯新闻、盖洛普民意调查等机构也组织了有关气候变化和海平面上升的民意调查。在大众舆论方面，这些机构获得的调查结果非常相似。大约 85% 的美国民众认为全球的确会变暖，70% 的人认为人类应该对此承担部分责任。从这个角度来看，利用科学不确定性炮制争议的阴谋似乎并未得逞。然而，下面这个数据可能又提醒我们情形不容乐观：在全球变暖及其影响的问题上，约有 65% 的美国民众相信科学界存在大量分歧。实事求是的说，在问题的某些细节上科学家们确实持有不同意见，但是，在全球气候变暖的原则性问题上科学界却是达成共识的。这个数据说明炮制争议的利益集团已经取得某种程度的成功，也侧面反映出媒体多多少少在替利益集团掩盖事情真相。

去芜存菁

用谷歌搜索有关全球变暖任何话题，包括海平面上升，各种观点多如牛毛：消极的、积极的、冷嘲热讽的、稀奇古怪的、有据可查的、道听途说的……林林总总，不胜枚举。那么，普通大众怎样才能在这片信息的汪洋中去芜存菁呢？下面是一些建议。

避开争议炮制者。不要相信那些罔顾真理的人。他们出于某种原因反对当前科学界在全球气候变化上形成的共识并处心积虑不惜制造争议来淡化海洋上升的灾难性后果。其代表者有哈兰研究所、乔治·C·马歇尔研究所、美国立法交流委员会、自由前沿学会、竞争企业协会、美国企业研究所、卡托研究所、物业与环境研究中心、美国传统基金会和二氧化碳与全球气候变化研究中心。这类组织往往有能源企业（如石油和煤炭公司）或自由主义论者的资助而不难辨识。他们推出不少研究成果，有时也会说点真话，但奉劝大家还是不要轻信。

不采纳非科研人员的观点。最近，有人引述了某位知名宇航员的观点：由于太阳辐射发生变化，全球气候将会趋冷。这或许是实情也或许不是。作为宇航员，其飞行技术堪称一流，但他却未必在气候研究方面也是专家。本书虽然也为阿尔·戈尔提供的数据做了辩护，但我们还是建议大家借助科学的信息渠道来了解相关知识，如 realclimate. org 或 sciencedaily. com，这两个网站都直截了当地展示了气候方面的研究成果。

小心由短期发生的事件得出的长期性结论。证明全球气候在发生变化的证据必须是历时长久的，至少得数十年。一场风暴或者一两个暖冬说明不了问题。南极和格陵兰冰原的冰盖在 2004 年发生显著的、快速的崩解，这个情况(及其对海平面上升的潜在影响)的确让人惊恐，如果连续 5 年都出现此类情形，就不得不令人警觉，而很有必要将其纳入对长期性气候变化趋势的评估中。

谨慎看待数学模型结果。目前，不少对全球气候变化趋势进行预测的依据都来自于数学模型。从定性的角度来看，这些依据说明了全球气候变化的趋势；但从定量的角度来看，它们可能又会呈现出另一个结果。现场采集的数据才最为可靠，它们才是说明全球气候变化最令人信服的依据。

听取研究者的意见，也要运用常识。尽可能地相信那些在自己研究领域里做出成果的科学家。《科学》和《自然》这两个科学期刊常常发布海平面变化方面的报告，其信息非常可靠(也常被媒体引用)。

细心的读者可能会觉察到为了使普通大众了解科学家们对全球变暖的观点，我们在提供以上建议时假设了公众在该问题上会受到利益集团误导的前提。很遗憾现实的确如此。不排除某些对科学兴趣盎然、极富好奇心的民众通过不懈探寻在这个问题上具备了科学认知，但是我们确实不知道其他普通民众怎样才能避免被误导。诚然，那些怀疑炮制者在海平面上升的问题上有时也会提供准确说法，但他们却往往将其笼罩在重重迷雾之中。

为此，我们建议普通民众只听取那些致力于全球气候变化研究的科学家的观点。然而要确定消息是否源自这些科研人员却也不见得就是件容易的事。此外，拥有某个专业学位的人并非意味着他就是活跃在该领域的科研人员，公众对此应当有所认知。

总的来说，我们要寄希望于科学家，相信他们会给出真相。那些怀疑制造者非常乐意看到公众把气候学家们当作另一个怀有偏见的利益团体——他们总是异口同声地说话以捍卫自己的意识形态。这绝非实情，让科学家们保持意见一致跟驯养猫一样困难。假如一位年轻的气候学家找到了二氧化碳对全球变暖没有影响的确凿证据，他或她会做的不外乎是立即推翻“顽固派”，然后享受属于自己的哪怕只有 15 分钟的科学声誉。在科学界，一位因循守旧的科学家是建立不了声誉的，他必须推陈出新，甚至标新立异。科学家们对自己的研究工作都很投入，他们没有时间也没有精力去共同策划一起全球性的阴谋。因此，我们最终建议：让科学家来做科学研究，让他们来探明真相吧。

第六章 鲜活的海岸

> 漫长的地质年代中，海水起起落落，冲刷着大西洋沿岸广袤的平原。有时它蜿蜒至更遥远的阿巴拉契山脉稍作停留，然后再渐渐退回到大洋盆地中。大自然的进程赋予这片宽广的平原大量的河口沉积物和丰富的海洋生物化石。海水蔓延至陆地，这在地球漫长的历史中无关紧要，或者说这是海岸地区最普通不过的自然现象：海水无论上升还是下降了100英尺，它总会漫过海边闪亮的砂坪，起涨复又回落，从容不迫，正如今天之所见。
>
> ——蕾切尔·卡森，《海的边缘》

蕾切尔·卡森在生物和环境方面具有无与伦比的洞察力和先见之明。1962年，她在《寂静的春天》一书中因明确警告滴滴涕等新型杀虫剂会对生态环境造成长期危害而点亮了全人类环保意识的明灯。早在卡森1955年的著作《环绕我们的海洋》中，她就指出海平面的变化对海岸环境和生物群落有着重要影响。尽管她并没有在书里直接向人们警示未来海平面上升带来的问题，然而毫无疑问，早在半个世纪乃至更久之前，像卡森这样的自然科学家就已经认识到海岸环境的脆弱性。

海岸线一旦发生变更，海岸生态系统也必须随之改变，否则便会灭亡。珊瑚礁以及海岸湿地的沼泽和红树林在这方面颇具代表性：作为海岸生物群落，其生存直接受到海平面高度的影响。然而两百万年来，海平面起起落落，它们仍然能够延续至今成为地球上最富生命力和最具多样性的生态系统之一，这很大程度上要归功于它们卓越的环境适应能力和顽强的生命力。至第四纪以来(距今250万年)，每当全球海平面上升或下降，它们就相应地向陆地或海洋衍生；每当全球气候变暖或趋冷，它们便向北或向南迁移。即使在今天，它们的繁衍依然要视环境而定。那么，当今环境又发生了哪些变化呢？

前面已经提到过，人类活动正在改变自然环境，海岸湿地与珊瑚礁的生存前景必须将影响环境的人为因素纳入考虑。目前全球海平面上升，海岸生态系统面临生存环境的巨大改变，然而，人类活动却在削弱（在个别案例中增强）它们对环境的适应能力，使它们面临着前所未有的种种生存挑战，如：

- 疏浚、收割以及海岸住宅与工业用地对其栖息地造成直接破坏；
- 人类的开发或其他活动间接阻碍其向陆地迁移；
- 河口沉积物被污染或发生改变影响其养分供给；
- 海水的化学成分、盐度和温度发生改变

长期以来，地质学家们均秉持着“均变论”的原理来探索和解读地球发生的变化，主张“现在是解释过去的钥匙”。该理论的创建和倡导者是撰写了第一部定义地质学的专著，被誉为“地质学之父”的查尔斯·莱伊尔，他认为地球的过去可以通过现今的地质现象来诠释，两者有切割不断的关联。

今天的地质学家们认为将均变论反过来也行得通。即“过去是解释现在和未来的钥匙”。要解读任何地质或生态环境的现状甚至预测其发展趋势，最佳方法莫过于考查它们过去对环境变化做出的反应。事实上，这也正是许多科学家们在研究全球变化时采取的基本方法。

但现在，这种方法面临着根本性的挑战。诚然，只要海洋存在，就必然有海平面的起涨回落以及海岸生态系统相应的往返迁移。但这样的自然循环现在要面对人类开发这支“离弦之箭”，且后者还在加速前进。在当今海洋体积扩增的情况下，湿地和珊瑚礁等海岸生态系统一方面要应对不断上升的海岸线，另一方面还要承受人类活动给环境造成的种种巨变，这样的生存困境在以前是从未有过的。

那么，海岸生物群落在下个世纪将如何发展？现阶段不确定的因素实在太多，很难对此做出明确判断。毫无疑问，这些地球上最富生命力的生物群落正走向真正不可预知的未来。

海岸湿地

无论是咸水还是淡水湿地，都因位于陆地和水域的交汇处而兼具水陆两种环境特质。它们是成片的浅水区，带有静止或流动水体以及露出水面的挺水植物。

海岸湿地的面积在很大程度上取决于毗连陆地的坡度。坡度陡峭且地形多岩（如美洲西海岸大部分地区），湿地往往狭小；坡度平缓地势开阔，海岸湿地则非常宽广，如佛罗里达大沼泽地，路易斯安那州沿海的密西西比河三角洲以及印度－孟加拉恒河三角洲的孙德尔本斯红树林湿地等。

海岸湿地类型多种多样，占大多数的是海岸沼泽和红树林沼泽。这两种湿地能为水陆动植物提供丰富的食物和养分，具有极高的生物产能。它们还能去除河口水体的富余养料和来自内陆的污染，起到净化水质的作用。此外，两者还具有促淤保滩、固岸护堤的功能，并为螃蟹、虾、鱼、鸟等各类生物提供栖息地。许多具有经济价值的河口物种也正是依赖这类栖息地才能实现繁衍并生生不息。然而，两种湿地目前处境尴尬：一方面，它们正面临海面上升的威胁；另一方面，百年来频繁的人类活动已造成其面积大量减缩。

沼　泽

提到海岸湿地，许多人脑海中都会浮现出潮汐盐沼的画面。潮沼位于全球中高纬度地区的海岸沿线。在潮差足够大的沿海地带，潮沼可向内陆延伸达数十英里（如美国佐治亚州境内的潮沼）。潮沼的优势物种有禾草、莎草和灯心草。

盐沼生态系统中的植物种类有限，因为对绝大多数植物而言，即使是生活在淡盐水环境中也会不堪重负，更不用说在浓盐水环境中生存。盐沼植物之所以能够生存下来是因为它们具有特殊的适应能力。例如，盐沼网茅（互花米草）尽管每日都需要盐水浸润，但它能分泌出结晶盐并从叶缘排出。另一种常见的盐沼植物——常用来做美味可口的沙拉的厚岸草（海蓬子），其上端的肉质茎能聚集盐分，这部分茎梗最终会从主体脱落从而去除植物体内的盐分。

尽管盐沼地区植物种类不多，但这并不意味着其生物产能低。从植物的光合作用及其有机物的产量来看，盐沼的初级生产力在生态系统中算得上是最高效之一。这种高产效得益于潮汐——每个潮汐周期都给盐沼带来养分，源源不断，为盐沼植物的生长创造了绝佳的条件。

高效的生产力也赋予盐沼生态系统多种价值功能。盐沼为众多物种（其中不乏经济物种）提供了优良的栖息地。此外，盐沼还能清污净水并为周围的水体提供养分。不幸的是，世界各地的盐沼均面临危机。

目前，全球超过半数的湿地已被人类活动所破坏。尽管很难对全球损失的盐沼进行量化，但仍可从某些地区的统计数据中一窥端倪。例如，加拿大已经损失了约65%的潮汐盐沼，而加利福尼亚州海岸湿地的损失则高达91%。造成这种局面的人为因素有多个方面，如农业灌溉、圈地养虾、居民区冲排、航道港口疏浚等。

海岸湿地本身能随海面上升进行相应调整。自然累积在地表的有机和无机沉积物使湿地表面每年以数厘米的速度增高。海水上涨了，海岸湿地的高程也会相应增加。此外，若条件允许，海岸湿地会随海面上升而向陆地蔓延，将高地变为湿地。就像堰洲岛一样，尽管其地理位置和形态发生变化，却依然保持自身的存在。

这样看来，湿地可以通过向陆地迁移来“应对”海面上升。但问题是，这样的迁移真会发生吗？就世界上大部分地区来看，很遗憾，答案是否定。在多数地区，自然屏障限制了湿地迁移。例如，在多岩石或多山的沿海地带，由于高地坡度陡峭，湿地很难有延伸的空间。小型湿地要在这些地区扩展，其可能性更是微乎其微。而海岸开发与农业拓展是目前全球湿地面临的最大威胁。人类，只是地球的一个物种，已占领广袤的陆地，迫使处于陆地边缘的海岸湿地逐步丧失生存发展空间。

位于北卡罗来纳州的曼松伯岛，以每年约 16 英尺(5 米)的速度向内陆迁移，正深入岛后方广阔的米草湿地中。当沿海风暴导致海岸线侵蚀并同时将海砂推送至岛后方湿地，不断拓宽岛后缘，堰洲岛的迁移就逐渐发生了

许多河口海岸线上都建有海堤和防水壁，其前方的湿地将会随着海平面的抬升而被淹没并最终消失。近十年来，由于美国人热衷于置办海滨第二套房产，海岸湿地附近的房产开发如火如荼，价格持续高涨。而这些不断崛起的“海滨洋房”正是建造在河口海岸线上，形成阻止湿地向陆地迁移的人造屏障。

随着这些滨海盐沼的消亡，我们将失去干净的水源、渔场、栖息地以及自然美景。这必将是环境与经济的双重损失。遗憾的是，极少有政府机构意识到这场危机，而相应保护措施的采取也是少之又少。

然而，一些非政府组织敲响了警钟。美国国家野生动物协会进行了一系列区域调查报告，以研究海平面上升对滨海盐沼的影响。这些报告均指出，随着海平面不断上升，使湿地得以延续的关键举措将是向高处扩张湿地(同时必须停止彻底破坏海岸湿地的行为)。联合国教育、科学及文化组织(UNESCO)在过去两年间发布的众多相关报告中也表达了相同观点。然而，各方面若不能协同一致地采取更多保护措施，盐沼的未来将不容乐观。这些盐沼能够继续存在，但面积将会逐步减缩，为人类社会贡献的环境效益也将大打折扣。

红树林

红树林是100多种耐盐植物的统称，尽管其中只有35%的植物才被认为是真正意义上的红树植物。红树林这个词既可以指称单株植物也可以用来表示整个红树林群落。红树林主要生长在温暖的热带沿海水域，是常见的滨海湿地植物群落，大致分布于25°N—25°S。红树林生长区常被人们称为红树林沼泽、红树林或红树森林。因其通常位于低能海岸的潮间带，故常见于受珊瑚礁屏护的海岸线。红树林分布在全球约60%～70%的热带滨海区，在亚洲、非洲、澳洲和美洲的海岸线上均可见其身影。红树林全球总面积为66 400平方英里(172 000平方千米)，巴西的红树林面积为世界之最，占全球总面积的15%。

红树林中的红树植株常见于平行于海岸线的区域。每种红树具体的生长位置取决于其对水域盐度、潮汐频度和波能大小等的耐受程度。佛罗里达州有三种红树，红色、黑色和白色红树。红色红树(大红树，*Rhizophora mangle*)根系盘结错杂，植株高达80英尺(24.4米)，并长有6英寸(15厘米)长的棒状胎生苗(俗称“儿树”)。佛州的大红树主要生长在红树林的向海一侧。黑色红树(白骨壤，*Avicennia germinans*)生长在比红色红树海拔略高的地方，理想环境下可以长至65英尺(20米)。其根系非常发达，根长且呈水平状延伸。根上长着垂直的气生根，突出地面的部分可呼吸通气。白色红树(拉关木，*Laguncularia racemosa*)能长到50英尺(15.3米)高，生长海拔最高，地面无可见根。

在南半球，十来种红树常共生于同一个红树林里，其生存状态与各自的耐盐度紧密相关。海面上升或河口沉降速度的微小变化都可能加快某种红树的灭亡或被其他红树取代的速度。因此，红树植物的生长分布状态可灵敏地反映海平面和其他海滨环境的变化。

莫桑比克马普托湾海岸线上的红树林。几乎每次满潮时，这些红树林都被淹没。目前由于乱砍滥伐和海面上升，其生存已岌岌可危

随着海洋升温，红树林极有可能通过脱落漂浮在水上的胎生苗在南北两个方向开拓出新的生存空间。生长在迈阿密海滩至佛罗里达东海岸卡纳维拉尔角沿岸水域中的红树林便可反映这一现象。今天，红树林在这片海岸线上广泛分布，但在欧洲人到达这里之前，该海岸线上大大小小的“潟湖”还是淡水湖泊。后来为了航运方便，潟湖被开凿出通道与海洋连接，于是海水流入取代了淡水。随即在20世纪的短短100年中，红树林就沿着航道快速扩张到了卡纳维拉尔角。

与盐沼相似，红树林也面临着严峻挑战。由于人类活动频繁，它们正遭受着直接和间接的破坏。随着海平面上升，红树林与盐沼一样也具有向陆地迁移的能力，但海岸线的开发往往阻挡了这种迁移。其结果就是，红树林湿地将随海平面上升而锐减乃至最终消亡。旨在对全球红树林进行保护和研究的环保组织——红树林保护工程协会(MAP)指出：仅在最近几十年，全球约半数的红树林就已消失殆尽。

红树林跟盐沼一样也具有许多对人类弥足珍贵的生态经济价值。它们是大量海洋生物生活繁衍的重要场所，是近滨带大多数经济鱼类的天然养殖场。它们不仅是数以千计的鸟类、昆虫、哺乳动物、爬行动物、鱼类、甲壳动物和无脊椎动物的栖息地，还庇护着濒临灭绝的珍稀物种。例如，孟加拉虎或者巴西、哥伦比亚地区的美洲虎在退潮期觅食时，红树林既是其觅食的主要场所也是生活在这里的被猎食动物躲避天敌的天然掩体。

最近，一些社会团体与政府机构还认为红树林是片毫无价值的沼泽，他们有显而易见的理由：红树林盘虬缠结的树枝和根茎影响通行，林中生活着蛇、蜘蛛、咸水鳄、螃蟹等让人类惧怕厌恶的生物。此外，这里还是传播疟疾和登革热的蚊虫的温床，是人类健康的隐患。事实上，也的确有一些科学家在从事相关研究，如寻查携带疟原虫的按蚊在红树林里的栖息地并绘制位置图谱。

政府因此对砍伐红树林持支持态度，甚至视之为一种促进公众健康的必要手段。然而，从另一些角度来看，红树林的消失也会危害公众安全和健康。例如，1995 年佛罗里达州霍姆斯特德市遭遇飓风安德鲁袭击，正是周边红树林的阻挡才幸免于难。在 2004 年 12 月 26 日东南亚大海啸中，由于受到海岸线上茂密高大的红树林的保护，泰国拉廊府的损失才相对较小。但是，该地区之前如果没有进行大规模红树林砍伐和海滩采砂的话，整个灾区的遇难人数还会进一步降低。

哥伦比亚布埃纳文图拉港附近，太平洋环礁岛潟湖边盘虬缠结的红树树根。对这样一个包含多种动植物且这些动植物既需从近岸水域获取养分又需红树发达根系保护的重要生态系统而言，红树林和盐沼一样是支撑起整个生态系统的基础。此外，红树林还是海啸和风暴潮的天然缓冲器

到目前为止，人类活动对红树林造成的伤害已远大于海面上升造成的伤害。在东非，人们用红树打造船舶。就像18、19世纪的美国人用橡树造船一样，用树木主干的形状打造船只龙骨，并将余下的部分加工成木材。疏浚、筑堤、圈地造田、原油泄漏、除草剂使用和滨海开发已导致全球红树林面积大幅缩减。

其中，为农业和水产养殖业圈地造田是红树林生态系统当前面临的最大威胁。从厄瓜多尔到越南，水产养殖（主要是虾类养殖）是相对较新却呈快速增长的威胁因素。近年来，养虾场修建对当地红树林的破坏达50%，在各类破坏因素中高居榜首。虾类养殖的破坏性主要来自两个方面：为圈建虾场清除红树林以及在清理出的土地上修建养虾池塘。两者对当地生态系统的破坏仍在继续。在这种推行甚广规模庞大然而模式单一的养虾场中，一旦出现疾病（显然这不可避免），其负责人往往就此放弃该养虾场，然后另外清除一片红树林来重建养虾场。而要在废弃之地重建红树林却将花上极其漫长的时间，因为基质已被污染，不再适合红树林生长。

即便如此，不少事例仍可以证明，发展中国家因为贫穷会受到贪婪发达国家的杠杆式投资引诱，愿意牺牲沿海生态系统来谋求“发展”。胡里奥·克鲁兹是洪都拉斯南部小镇亚斯廓尔的本地居民。他为一家国际公司工作，而该公司为了养殖鱼虾，清除了丰塞卡湾沿岸相当多的红树林。尽管他对这样的破坏活动深感忧心，但他需要这份工作来养活一家人并让孩子们读书。另一方面，绿色和平组织的船只会不时前来“拜访”，谴责洪都拉斯政府为了经济利益不惜牺牲红树林的错误行为，这使他深感痛苦并羞愧万分。

和盐沼一样，红树林是灵活多变极富生机的生态系统，它有能力通过自我调整来应对海面上升的危机并使自己生存下去。毕竟，在过去的两百万年里，红树林历经多次海平面的巨变却依然存活至今。另外，由于高效的树种传播方式，红树类物种几乎不可能灭亡。但是胡里奥·克鲁兹的故事告诉我们，要保护红树林还得先从人类自身做起。

水产养殖业对红树林的毁灭性影响。如图所示，洪都拉斯为发展鱼虾养殖业清除了红树林。厄瓜多尔和越南也有类似的情形：为修建养虾场，大面积红树林被清除。【绿色和平组织/弗朗西斯科·卡布拉斯】

珊　瑚

那些宁静、多彩的珊瑚礁总能激发人们对水下世界的美丽想象。再也没有别的生态系统能像珊瑚礁一样，在清澈见底的水中绽放如此炫目的色彩，并供养着数量如此庞大和如此珍稀的物种。全世界数以百万计的潜水爱好者常常会选择珊瑚礁进行浮潜，更多人则热衷于收集珊瑚碎片，将之带回家以点缀水族箱。

海洋中随处可见珊瑚——从热带到两极，从浪花拍岸的浅海区到深达20 000英尺(6 100米)寂静无声的大洋底，珊瑚无处不见，但那些造礁型珊瑚(珊瑚礁的实际构造者)只能生活在温暖的浅水海域(20～28摄氏度)。相比之下，非造礁珊瑚的未来似乎更为明朗。这类珊瑚生存环境更为广阔，不太可能因海面上升而受到影响。如果某个环境让它们感受到生存压力，它们可以趁幼虫时期自由漂浮到新的环境中生存并繁衍。可是造礁珊瑚和庞大的珊瑚礁有机体却没有如此变通的适应能力，今天的它们甚至比以往更脆弱更缺乏灵活机动性。一些人悲观地预测，受人类活动和天气变化的影响，全球70%的珊瑚礁将会在本世纪中叶消亡。

更为糟糕的是，与沿海湿地相比珊瑚礁自身就被人类当作旅游开发目标，尽管它们的社会经济价值远胜于此：很多地区，甚至一些国家的主体经济都需依赖珊瑚礁，因为它们是当地渔业的根基。例如，仅加勒比海地区的珊瑚礁就供养着30种商业岩礁鱼。此外，珊瑚礁作为屏障和离岸防波堤，保护绵延数千英里的岛屿和大陆海岸线免受汹涌海浪的冲击。事实上，数以千计的小海港，停靠港湾的大小军舰和渔船——都要仰仗珊瑚礁的庇护。

从空中俯视，珊瑚礁通常显现为由断断续续的海浪连成的一条白线。珊瑚堡礁与沙质的堰洲岛相似，因不时被其豁口或槽口分隔而形成道道断续相连的脊线。电影中，许多绝望的海难幸存者就是通过这道白线上的某一个豁口，才登上一处荒岛而最终存活下来。而电影中常见的巨浪汹涌拍向堡礁的经典场景正是珊瑚礁发育生长的重要一环。经过海浪冲击，整个珊瑚礁生态系统所需的养分和食物被拍散到四处，沉积在珊瑚岬上的代谢产物也被海浪冲走，整个水体富含氧气充满活力。

1943年，美国海军陆战队的登陆艇在环绕塔拉瓦的裙礁上搁浅，队员们不得不放弃登陆艇，在日军负隅顽抗的猛烈炮火下涉水登陆。正是因为当时的情报人员看漏了这道具有报警作用的断续白线，才导致这悲壮的一幕。

全球有多达300万种海洋生物生活在世界各地的珊瑚礁区或其附近。珊瑚礁是它们重要的产卵和繁殖场所。25%的海洋物种均可在这里觅其踪迹，这使得珊瑚礁成为当今海洋物种最具多样性的地方。这些精妙而脆弱的生态系统一旦被破坏，全球都将面临重大的生态灾难。

热带珊瑚礁分布在30°N—30°S清澈、温暖，且水深小于150英尺(45.7米)的水域中。所有造礁珊瑚都生活在透光性强、盐度适中、养分相对较少、水体洁净的浅海区。水环境必须清澈，才有利于与珊瑚虫（polyp，或称“水螅体”）共生的一种被称为虫黄藻（涡鞭毛藻属，*zooxanthella*）的微生植物的生存。虫黄藻寄生在珊瑚虫内皮层细胞里，珊瑚虫则群居在由珊瑚虫骨骼堆积起来的珊瑚礁礁体中。珊瑚虫可能是世上唯一的集动物、植物及矿物于一体的生命形式！

作为植物，虫黄藻需要阳光来进行光合作用，因此，无法在太深太浑浊以致阳光无法穿透的水环境中生存。通过光合作用，虫黄藻为珊瑚虫提供氧气和营养物质。而珊瑚虫则代谢出二氧化碳等供虫黄藻进行光合作用。二氧化碳被虫黄藻消耗进而又促进珊瑚骨骼的形成和沉积，保障珊瑚虫的繁殖和生长。由于珊瑚需要阳光，海平面上升将导致深水处的珊瑚被黑暗笼罩。为了生存，珊瑚礁必须向浅水区迁移或向上生长。

不同珊瑚向上生长的速度大相径庭。在加勒比海地区，盘状石珊瑚（菌状合叶珊瑚，*Agaricia*）体型庞大，生长最缓慢；头状珊瑚（圆菊珊瑚，*Montastrea*）则要快一些；而生长最快的当属枝状麋角珊瑚（掌状鹿角珊瑚，*Acropora palmata*）和细枝鹿角状珊瑚（摩羯鹿角珊瑚，*Acropora cervicornis*）。根据史密森尼博物馆地质学家伊恩·麦金太尔在加勒比地区的测量，头状珊瑚礁以每100年0.3英尺（0.1米）的速度向上生长；麋角珊瑚礁向上生长的速度与海面上升速度相似，为每100年1.6英尺（0.5米）；摩羯鹿角珊瑚则为每100年4英尺（1.2米）。因此，健康的麋角珊瑚向上生长的速度能够与低中纬度地区观测到的海平面上升速度保持大体一致，而健康摩羯鹿角珊瑚向上生长的速度更是超过海平面上升速度。当然，健康是关键因素。健康的没有生存压力的珊瑚礁相比陷入生存困境的珊瑚礁显然能更有效地应对环境变化。

伊恩·麦金太尔及他的同行——北卡罗来纳大学的地质学家康拉德·诺依曼根据珊瑚礁应对海面上升的不同方式将它们分为三种：保持型、追赶型和放弃型。保持型珊瑚礁生长速度足够快，基本上与海平面上升速度保持一致。追赶型珊瑚礁先期因海面上升而部分损毁，在迁移到距离陆地更近的浅水区域后又重新生长发展。放弃型珊瑚生长速度缓慢，将会因海平面上升而被彻底淹没，最终停止生长。我们今天看到的活珊瑚礁多数是保持型，在过去数千年它们的生长速度与海面相对温和的上升速度基本一致。在珊瑚礁林立的海岸沿线有许多冲入深水区的坡地，坡上的高低山脊就是放弃型珊瑚礁，它们在上一个冰河时代末期被逐渐上升的海洋所淹覆，一些现在已没于水下300英尺(91米)之处。短期来看，海面上升适度，这对多数珊瑚礁是有利的，这意味着礁石顶部的珊瑚虫要改变惯有的生活方式转而向上生长。以往由于海平面相对稳定，珊瑚虫已经习惯横向生长，这在很大程度上限制了珊瑚礁发展。

我们说海平面上升也在对珊瑚礁构成威胁，是因为同时还存在其他因素。许多自然疾病也在影响珊瑚礁，而现今一些人类活动增加了珊瑚礁的生存压力，使它们更容易患上这些疾病。例如，船只行驶对珊瑚礁造成撞击，原油泄漏于珊瑚礁上，人们在珊瑚礁上开辟航道或下锚等。人类还开采珊瑚礁以打造建筑或在毗邻的海岸建造人工海滩，后者更造成流沙使珊瑚礁窒息。此外，每年估计有3 000吨的活珊瑚块被开采以供家庭水族箱装饰之用。

海水变浑浊也会威胁珊瑚礁生存。浑浊的水体阻挡了阳光，阻挠光合作用，最终毁灭珊瑚。这个过程可以非常快。1995年，洪都拉斯加勒比海沿岸的露丹岛周边还存在一种最原始的珊瑚礁。那时人们还能在西湾海滩齐膝深的水域看到其漂亮的礁块。但现在这处海滩却成了一个悲剧象征，提醒人们爱“死”一个地方速度可以有多快。2005年这处珊瑚礁即死亡，它的毁灭与前来“探索”的游客紧密相关：人们在此大搞旅游建设，产生的泥沙沉积物和富养物质包围了礁石，不仅降低海水能见度，而且加速海藻生长，进一步阻挡了光线。

数十年前，夏威夷的威基基海滩由于海堤建造几乎消失，这对当地旅游业构成极大威胁，于是人们用大货船从洛杉矶运来海沙以填补海滩。而后，风吹浪涌使得海沙四处蔓延沉积，很快就导致部分近岸珊瑚礁死亡并形成珊瑚礁链上的道道豁口。当风暴袭来，海浪从这些豁口长驱直入，加速海岸侵蚀，使人工海滩的填补重建变得没完没了。迈阿密大学的地质学家哈尔·万利斯也指出，填补海滩使用的泥沙正在摧毁佛罗里达州东海岸的部分珊瑚礁。他认为，该州海滩填护项目导致海水浊度增加，减弱了海水变暖时珊瑚向北部迁徙的能力。

也有些人认为，在珊瑚礁生存问题上最令人担忧的不是海平面上升，而是全球气候变化引发的海洋变暖。随着平均水温上升，海洋高温期将愈加频繁。海水变暖会导致虫黄藻减少，进而造成珊瑚虫失去营养而变白、死亡，即珊瑚白化症。珊瑚能承受高于常温的温度大约一个月，如果高温时间延长至两个月，珊瑚就会死亡。此外，大气中二氧化碳浓度增加导致海水的酸性不断上升，这个被称为海洋酸化的过程也影响了珊瑚钙质骨骼的生长发育。

对历史的研究常常能为当下和未来提供重要参考。昆士兰大学的古生物家潘多尔菲和他的同事对新几内亚巴布亚岛上的一处珊瑚礁遗迹进行了研究。这处珊瑚礁位于造山运动抬升起来的海崖上。他们爬上悬崖采集到各种珊瑚礁样本。样本揭示，在距今 4 000 至11 000 年这段时间内，大约每1 500 年就有大批珊瑚礁死亡。一些被火山灰覆没而死亡，其余的死于一些未知因素，很有可能是白化病或其他自然疾病。

好消息是，这些从悬崖壁上采集而来的古样本显示，珊瑚礁总是能在毁灭性的打击后重新恢复。坏消息是，对比之下发现今天全球珊瑚礁的死亡速度要比昔日这些珊瑚礁快上至少 10 倍。

自然灾害也会威胁珊瑚礁的生存。2004 年 12 月 26 日，东南亚发生地震并引发大海啸，不仅夺走数千人的性命，也毁掉了数英里的裙礁。在苏门答腊岛西部以及东印度洋的安达曼和尼科巴群岛，珊瑚礁被抬升出海面多达 10 英尺(3 米)后快速死亡。

诚然，今天许多珊瑚礁都已经从这些过往的灾害中恢复过来。那么，它们的未来将会怎样？专家们对此进行了激烈的争论。毕竟，珊瑚礁面临的生存压力是多方面的，而且还存在许多不确定因素，要做出一个明确的预测是困难的。但过快上升的海洋迟早会将珊瑚礁淹没在深处。然而什么样的速度才能称得上过快？随着海洋变暖，珊瑚礁会向两极迁移吗？气候和大气构成的改变会使海水的化学成分相应变化，这对珊瑚礁又将产生怎样的影响？

海岸湿地和珊瑚礁是颇富活力的生态系统。在过去，它们能通过向北或向南、向陆地或向海洋的迁移来应对海平面上升。但在未来，除了海平面上升，它们还必须面对人类开发等活动带来的直接影响。目前，人类对海岸湿地和珊瑚礁的直接破坏给两者造成的伤害可能要大于海平面上升，即使这一情况在未来有可能反转。显然，如果对这种人为破坏生态的行为不予以遏制的话，我们将不得不面对一个残酷的事实，即沿海的乡村、城镇以及其他被人类开发出来的地方将不会给海岸湿地和珊瑚礁留下任何可迁移的空间。除非我们立即着手规划，在人类的发展版图中为它们留出一席之地，否则美丽宜人、充满生机活力的海岸将一去不复返。目前，海平面的上升已经威胁到我们的海滨城镇，我们是否应给予这些自然生态系统以足够重视，并优先保证它们的生存?

第七章 人类与海平面上升

图瓦卢与全球变暖

我听到海浪拍击海岸的声音，
声音比以前更大更令我心惊。
那翻滚着水沫的滔滔大浪，
吞噬着岛上我可爱的家乡。

远方刮来阵阵强风，
棕榈树弯曲得像张张拉满的弓。
上升的海卷走我们的庄稼，
海水已灌入我们简陋的家。

我们即将离开去那遥远的地方，
图瓦卢很快将消失在大海中央。
家乡的美丽我们要点滴牢记，
图瓦卢我的图瓦卢，我们黯然哭泣。

这里的人民将被迫流浪，
把另一个地方叫做家乡。
他乡与故乡定然不同，
怀揣故物抚慰思家之痛。

图瓦卢文化独特而珍稀，
承载人类与自然的信息。
扬起我们文化的风帆，
亲爱的图瓦卢将永存人间。

——简·雷斯切尔女爵《基里巴斯岛上的土著》

人们应对海平面变化的历史已有数万年。一些最早时期的人类一定也曾经历过海面上升带来的威胁。那应该是在最后一个冰河时代末期，那时冰川消融，海水上涨，海岸线后退的速度惊人，甚至快过万年前海平面上升速度，即有时一个世纪就超过 7 英尺(2 米)的时候，但那时的人类并没有遭遇今天低海拔地区和海滨城镇居民们所面临的困境。今天，我们仍然要应对海洋扩张带来的巨大威胁，但要像前人一样将家园迁往后方已变得万分困难。海平面上升会影响到现今人们对土地的每一种利用，如公园、自然保护区、下水道、公路、铁路、地铁、通勤枢纽以及数以千计的各类建筑。今天所有的临海城镇，甚至整个国家都可能遭遇被淹没的困境，而由此引发的庞大难民潮也将造成各种社会问题。

海平面上升与古城

2008 年美国国家公共广播电台播出一期名为《亚历山大的海面上升》的节目，引发我们去关注海平面上升在历史上的影响。在今天的亚历山大城护海堤外侧，因海平面上升，这座埃及城市的部分古城区已被淹没。该城位于尼罗河三角洲边缘，两千多年前亚历山大大帝因其独特的地理优势将其选定为中心海港。海港入口曾耸立着世界七大奇迹之一的法洛斯灯塔，其遗迹于 1994 年在地中海海底被发现。

亚历山大是地中海沿岸数个被淹没的古城之一。由于局部构造和海洋风暴引发海洋扩张、地面沉降和海平面相对上升，这些古城被淹没于水下。有证据显示，大约在公元 740 年(根据瓦砾中找到的年代最近的钱币判断)，地中海在淹没亚历山大的同时还吞没了另外两个城市——美诺西斯和伊拉克里奥。从考古现场来看，三座古城的柱子和雕像大体都倒向同一个方向，这表明三座城市都经历了同一场地震。事实上，这些完整保存下来的柱子和雕像正是地震使这些城市灾难性地急速下沉乃至被淹没的证据。如果当时海平面上升缓慢，碎波带势必穿过这些城市，不可能会留下如此完整的废墟。

另一个被淹没的著名古城是美洲国家牙买加的皇家港口，该城建于1654年，在1692年的地震中被淹没。在当时，皇家港口具有的野性、自由、多元化等特点，正是保守而拘谨的波士顿所欠缺的，因此，直到17世纪70年代，它一直是比波士顿更大、更重要的港口城市。在1692年的地震中，大多数的仓库和港口设施区陷落海湾，最终造成大约5 000人死亡，约占该城总人口的一半以上。

地震造成海平面骤然上升(有时是骤然下降)的现象相当普遍。除了上述地中海沿岸陷落的古城，近来也有许多这种地质构造作用导致海平面骤然变化的实例。例如，在1964年3月27日，阿拉斯加州安克雷奇以南数百英里长的海岸在地震中突然下降1～4英尺(0.3～1.2米)。在哥伦比亚的太平洋海岸，大陆架每发生一次小震动，长达50英里(80千米)的海岸线就会下降2～3英尺(0.6～0.9米)。而1979年图马克大地震还引发海啸，造成哥伦比亚圣库斯塔一个小渔村中250人死亡(几乎是这座偏远小渔村的全部人口)。然而事情还未结束，地震同时导致堰洲岛下沉，造成海平面瞬间上升约3.3英尺(1米)，加速了海岸侵蚀。随后仅数年时间，这座渔村一度幸存的建筑物绝大部分消失殆尽。

海平面上升与美国

在过去的几个世纪，美国也有一些城镇和村庄沉没于大海。它们坐落在险情频发的海岸地段，却得不到政府帮助。今天，许多地区虽然面临相似的险情，但我们已有比过去更多的资源来应对这些危机，比如建造防海堤或采取其他一些措施来保护海岸免遭摧毁。既往灾难带给我们最重要的教训是，海平面上升引发的灾难性后果会因海上风暴而变本加厉。下面列举了美国以往的灾难，从中我们不难发现：每当风暴来临，几乎总有大难酿成。在海平面上升的今天，风暴造成的灾难性后果更胜从前：它不但扫荡海岸，冲击滨海社区；甚至穿过堰洲岛，给沿海大城市以沉重打击。

德尼尔岛，路易斯安那州（1856 年）

向海堰洲岛是美国东部和墨西哥湾大部分海岸线的重要组成部分。它们从长岛南岸延伸至墨西哥边境，几乎形成一条不间断的岛链。19 世纪，德尼尔岛成为路易斯安那州富人和特权阶层的度假胜地。除去各种天然优势，这座堰洲岛因在 1853 年新奥尔良暴发黄热病时成为绝佳的避难所而声名远扬。据美国地质调查局调研，当时这座长 20 英里(32 千米)的小岛上还长有大片茂密森林。随后由于海岸侵蚀严重以及局部沉降或三角洲整体下沉而导致海平面相对上升，德尼尔岛的平均海拔变为 5 英尺(1.5 米)甚至更低。

1856 年，德尼尔岛大约有 100 户人家。就在当年的 8 月 10 日，一场飓风席卷德尼尔岛，摧毁了一座高达数层的酒店并淹没了岛上其他建筑。度假的 400 人中至少有 190 人死于这场灾难，许多遇难者尸体被海潮冲入岛内超过 6 英里(10 千米)远。在狂风暴雨中，幸存者只能紧紧抱住船只残骸求生或死守在来得太晚且因飓风而搁浅的双桅帆船上。所有飓风灾难造成的人员伤亡似乎都必然与“飓风聚会”产生关联。发生在德尼尔岛的这场灾难也不例外。据说当风暴席卷而来时酒店正在举办一场热闹而喧嚣的飓风聚会。最后，这里幸存下来的仅有一头牛。

在某种意义上，海上风暴是海平面上升的先兆。如果没有这场飓风，德尼尔岛现今可能还是一个宜居的度假胜地，即使只是暂时的。飓风发生之后，由于海洋扩张和三角洲下沉，海平面上升了 3.3 英尺(1 米)，德尼尔岛遂被海水分割成许多小岛。虽然人们一直试图通过人工育滩来保存这些小岛，但在过去的 20 年里又发生了数场飓风，这串小岛最终被淹没，成为水下沙洲。

卡特里娜飓风过后，密西西比州韦夫兰市街景。2005 年的这场飓风几乎将这个低洼海滨社区最靠海的三个街区几乎全被摧毁。36 年前，卡米尔飓风摧毁了这里许多建筑；36 年后，这些重建的楼房又被飓风摧毁。什么时候我们才能放弃这种低洼易受灾地区的重建工作?【安迪·科伯恩拍摄】

费斯·科尼什·穆雷的一副素描作品：美国内战前南卡罗来纳州爱丁斯维尔的海滩上，穿戴整齐的度假者正在散步。当时这里有 60 座建筑，包括两个教堂，一个杂货店和一个桌球房。1893 年的海岛大飓风将这座海滨小村彻底摧毁。今天的爱丁斯维尔仅是一个几十英尺宽的狭长堰洲岛。其在内战前的社区遗迹现位于距离海岸线 1/4 英里(402 米)处的海底。【图片由查尔斯·斯宾塞和历史出版社提供；该图 1955 年第一次刊登在《查尔斯顿新闻速递》上】

爱丁斯维尔滩，南卡罗来纳州(1893 年)

爱丁斯维尔滩是美国南方最早的高档海滨度假胜地之一。它距离查尔斯顿 70 英里(113 千米)，是大陆和附近艾迪斯托岛(盛产高品质海岛棉)富有种植园主的游乐场，也是查尔斯顿上流社会常来光顾的时髦场所。对于南卡罗来纳州低海拔地区的居民来说，住在海边不但可以缓解夏天难耐的酷暑，而且还能避免被疟蚊叮咬。19 世纪初爱丁斯维尔滩开始有人居住，后来发展成一座拥有 60 户人家、两座教堂(分属长老会和圣公会)和一所男孩暑期学校的村落。1852 年，爱丁斯家族在此建造了大西洋酒店。这里许多房屋都是两层楼的砖房，房前有豪华的阶梯通向门廊。

夏天，岛上居民的生活是典型的南方旧式贵族做派：划船、赛马、派对和宴会，后来由于内战，这些活动逐渐停止。尽管海岛本身并未受到战火波及(因为没有多大战略价值)，但常来此消遣的贵族们却因卷入战争的漩涡而失去财产。

海平面上升给南卡罗来纳州低海拔地区造成的影响已引起越来越多的关注。这是矗立在 95 号州际公路旁一块非常独特的宣传展板。政府应对海平面上升的举措需要通过公共教育来唤起人们长期的支持

随后，飓风降临。从1881年开始，飓风连番袭击这座海岛，削平了沙丘，毁坏了房屋。1893年8月28日，海岛大飓风袭来，破坏强度达到顶点。之后的10月13日，另一场3级海岛飓风再次袭击南卡罗来纳州海岸。爱丁斯维尔滩荡然无存，大部分村庄沉入水中，消失在人们的视野里。

今天，这个昔日的度假胜地已成为一个狭长的堰洲岛，宽30~50英尺(9~15米)，似乎正快速移向大陆。在低潮期，它露出的海滩比平时露在海面上的岛屿还要宽阔！由于海平面上升，其海岸线正向大陆方向移动，而爱丁斯维尔昔日的临海建筑则被抛在海岸线后方的大海之中。大量的砖房遗迹和家庭文物至今仍遗留在毗连的大陆架上，潮水退去后还能看见它们露出在海滩上。

关于南卡罗来纳州，最后还要补充一点：查尔斯顿周围的低地曾满布殖民时期的水稻种植园，它们大部分在内战后荒弃。水稻是淡水湿地作物，而南卡罗来纳沿海地区多湿地，本来很适宜栽种水稻。笔者与内穆尔野生动物基金会主管厄尼·威格斯一道在其中一个废弃的水稻种植园走了一圈，听其讲述海平面上升对内陆的影响，颇为受益。威格斯认为，水稻将不再可能在大多数这样的种植园中生长，因为海水已经渗透到内陆的这些土地中(降水量减少也是部分原因)。这个实例辅证了土地盐渍化可能给全球农业种植或水产养殖造成多方面问题的观点。

钻石城，北卡罗来纳州（1899年）

钻石城是北卡罗来纳州外滩群岛上最大的早期城镇之一，位于现在的卢考特角国家海滨公园内。

18世纪20年代，新英格兰地区的捕鲸者开始在卢考特角附近的捕鲸场作业。大约在同一时间，附近渔民也开始越来越久地在这座海岛上逗留。最初，外滩群岛的这些渔民仅在此搭建季节性的“棚屋”以躲避恶劣天气，但最终他们建造起永久性住房并全年居住于此。随后，这里有了村庄、学校、商店和教堂，在其顶峰时期，岛上居民一度多达500名。钻石城，这座早期城镇不是旅游景点，而是工作社区。

偶尔，捕鲸人会在此地落锚下船，稍事休整。当他们发现鲸鱼后，往往不是起锚拉帆启动母船捕鲸，而是跳进他们的捕鲸小船奋力划向猎物，然后用鱼叉捕杀鲸鱼。

这种捕鲸方法自然也落入当地居民眼中。在这些乘船而来的捕鲸者放弃卢考特角捕鲸场另觅他处之后，当地人依葫芦画样开启了自己的捕鲸业。观察员会驻守在高高的沙丘顶上，一旦发现鲸鱼，他们就会发出警报。收成好的时候，一年会捕获 5 条鲸鱼。人们将鲸鱼拖到海滩上分解，提取鲸脂。这个过程往往会持续两周，绝大多数居民都会参与进来。在鲸鱼不活跃的季节，居民们捕猎乌鱼和海豚为食。

19 世纪末，可能是由于海平面上升，这里的海岸逐渐被侵蚀，具有保护作用的沙丘也开始消失。一些小型风暴匆匆而过，淹没了菜园和一两处房屋，人们开始担心起来。然后在 1899 年 12 月一场风暴袭来，这或许是 19 世纪当地最大的一场风暴。老人们都说这是有史以来最严重的风暴(在他们看来，这次飓风造成的直接破坏史无前例)。渔船被毁，绝大多数房屋被淹，所有菜园被冲毁，甚至连墓地也不能幸免。表面上看来这场风暴没有造成居民死亡，但钻石城的生活再也不同以往。

人们开始陆续搬离，大多数搬迁到钻石城后面的哈克岛，这座岛屿形成于 125 000 年前，那时海平面比现在还高。其他人则搬往大陆的莫尔黑德市。一些房屋被彻底地拆卸成一堆木料，其他的房屋要么整体要么一分为二地被搬运到渔船上。这样的搬迁过程需要城里大多数男性参与，报酬则是一顿丰盛的聚餐。

1899 年那场大飓风的 3 年后，钻石城已不复存在。今天，该城大部分房屋遗址已被海水淹没成为大陆架的一部分。曾经被观察员用来观察鲸鱼出没的高丘已完全消失，海岸线以每年 10 英尺(3.0 米)或更快的速度在向陆地后退。很多当地居民对灾难形成的两个步骤印象深刻：首先，海平面上升使风暴潮轻易夷平具有保护作用的沙丘；接着，风暴毫无阻拦地冲击岛上其余地方，最终对整座城镇构成威胁。

汤普森滩，新泽西州（1950年）

汤普森滩（与附近的摩尔滩历史相似）是新泽西州特拉华湾沿岸的一座岛屿。这里海岸窄短，风暴激起的海浪相对较小，破坏力不大。因此，大风暴发生时，不是风浪反而是潮水，确切地说是风暴潮的大小，常常令当地居民印象深刻。在鼎盛时期，这里的村庄共有88栋房屋，多数是人们的第二套季节性住房。但自1950年11月25日大洪灾降临，在这里度假、生活便再无乐趣可言。狂风和涌潮造成8人遇难、6人失踪以及大量财产损失，村庄被大面积损毁，仅三四栋房屋残存。

到1998年，岛上最后两个常住居民被迫离开，余下的建筑也被拆除。在这之前，当地政府已停止维护通往该岛的小路。这条路修建在沼泽上，长约一英里(1 609米)。停止维护它的部分原因是这里洪涝灾害愈发频繁，维护费用变得越来越高昂。这正是海平面上升带来的后果。今天，人们必须要在退潮时期才能沿着小路走到岛上。

贝城的布朗伍德区(1983年)

20世纪50年代，得克萨斯州的贝城新建了一个叫做布朗伍德的高档社区。社区坐落在加尔维斯顿湾伸入圣哈辛托河的半岛上。半岛面积约450英亩(1.82平方千米)，毗邻规模庞大的贝城炼油厂。这里道路、街灯、下水道和水管均安装到位，预计将有400户人家来此居住。

由于炼油厂和贝城城区长期采用地下水，这个地区实际上已在下沉。今天，类似情况在休斯敦南部也很普遍，当地政府甚至不得不将该地区划分成若干沉降区以分别控制其地下水的开采速度。当美国其他地区被划分为农业区、灌溉区或采矿区时，贝城却可悲地被划入沉降区。

到20世纪70年代初，布朗伍德已建有300多所房屋，即使这个地区下沉(或海平面上升)速度惊人。今天，布朗伍德周围的海平面已比1951年高了约8英尺(2.4米)！

同样，风暴加剧了海平面上升对该地造成的灾难性影响。早在1961

年，当地居民就认识到情况的严重性。当时，一场席卷而来的风暴淹没了布朗伍德区，政府一度下令疏散当地居民。22 年后，洪水再次紧随艾丽西娅飓风而来，这次事态非常明了：这个社区必须放弃。最终，联邦应急管理署(FEMA)将绝大部分住房迁往更高的地方。仅 10 年的时间，布朗伍德变成了一座空旷无人的鬼城，布满街灯、电线杆的公路和私家车道无处不在，却不知它们通向何方。

随后在 1995 年，一项举措拟将布朗伍德转变成湿地和野生动物保护区。布朗伍德的转变可能会成为当前许多沿海定居点未来发展的方向。跟新泽西州的汤普森滩一样，布朗伍德现在被纳入一个大型盐沼恢复项目。混凝土街道和私人车道被砸碎，拆解出的碎石料被用来修建半岛前端的防海堤。社区地势略高的地方也被种上防护林。总之，在布朗伍德的郊区，在这片第二次世界大战后庭院和民居大增的地方，大约 100 英亩(0.405 平方千米)的新湿地被开拓出来。

地下水开采导致局部海平面相对大幅上升，这在世界其他地方也屡见不鲜。最典型的例子大概就是东京东部的江东区。由于工业用水过度，这里 31 平方英里(80 平方千米)的地区大幅沉陷，大约比平均高潮位低了 8.2 英尺(2.5 米)。由于有 200 万人口居住于此，政府不得不建起一圈高大的堤坝以保护沉降区内居民的人身和财产安全。其他著名的例子还有意大利的威尼斯和拉文纳(Ravena)。这两座城市位于亚得里亚海旁边的潟湖中，多年来地下水减少使其附近海平面相对上升，两个城市频频遭受洪涝灾害。另外还有新奥尔良，当地的局部沉降已导致海防大堤降低。虽然沉降造成的海平面相对上升并非全球变暖引起的整体性海平面上升所致，但其给人类造成的威胁在本质上是相同的。

加尔维斯顿湾得克萨斯州贝城的布朗伍德区：以前修建的300所房子中仅余数个，这是其中之一。因为炼油厂（透过窗户可看到）从易塌陷的地质层中取水，当地海平面比1950年上升了8英尺(2.4米)。目前，街道、人行道以及所有建筑已被拆除，现今的布朗伍德区是一个对公众开放的盐沼公园。【图片由乔·凯利提供】

海平面上升与自然保护区

上升的海平面不仅影响人居环境，还会影响自然环境。一些独一无二的自然环境，如孙德尔本斯国家公园、大卡奇盐沼地、佛罗里达大沼泽国家公园等都将无法幸免，而生活在这些生态系统里独特而珍稀的物种也将无处迁移，等待它们的只有灭亡的命运。

白令海峡大陆桥国家保护区占地约270万英亩(11万平方千米)，横跨北极圈。保护区内的希什马里夫列岛坐落在楚科奇海沿岸阿拉斯加苏厄德半岛前端(我们曾在第一章讨论过希什马里夫村所面临的困境)。由于海洋无冰期增长以及海岸永久冻土融化，这里和其他北极保护区的海平面上升明显，海洋风暴造成的影响大大增强。

孙德尔本斯国家公园位于印度和孟加拉国交界处，是恒河三角洲的一部分。世界上最大的红树林之一就坐落在孙德尔本斯国家公园(第六章对红树林做过相关讨论)。这里不仅是濒危动物孟加拉虎的家园，还是其他许多濒危物种如海龟、鳄鱼和淡水豚等的栖息地。约有200万人依赖孙德尔本斯获取食物(鱼、螃蟹、软体动物和蜂蜜等)和柴火。说到红树林，就不得不提海平面变化对它的影响：海平面上升会对红树林造成极大的危害。据世界银行估计，海平面上升24英寸(60厘米)，整个红树林区将被淹没；上升3.3英尺(1米)，整个孙德尔本斯国家公园将被摧毁。

大卡奇盐沼地位于印度古吉拉特邦，是印度最大的野生动物保护区，也是世界自然遗产地。它是世界上最后两千只濒危印度野驴的家园，也是全球最大的火烈鸟栖息地之一。这里大部分地区在雨季会变成养分丰富、涵养生命的盐沼泥滩。散布在这里的许多小岛则是野驴的天然栖息地。但至本世纪中叶，大卡奇盐沼地极有可能被全部淹没。

哈特拉斯角国家海滨公园位于北卡罗来纳州，由一连串沙少、面积小、海拔低的堰洲岛构成。海平面上升正使这些小岛变得越来越窄(岛两侧的海岸线均受到海水侵蚀)。东卡罗来纳大学的地质学教授斯坦·里格斯毕生致力于堰洲岛研究，正是他的努力，我们今天才可能对这些堰洲岛有充分的了解。里格斯认为在未来数十年内这些岛屿可能“塌陷”或消失。海平面每上升多一分，岛屿塌陷的可能性就增加一分。他预计，只要再来上一次时间够长强度够大的风暴，堰洲岛就会产生大量的进水豁口，大量涌入的海水将把国家海滨公园内八个旅游村分割开来。如果里格斯的预判正确，北卡罗来纳州外滩群岛的很大一部分将会变成一溜细长的水下沙洲，这和卡特里娜飓风之后路易斯安那州德尼尔岛的命运很相似。

遗憾的是，北卡罗来纳州的交通部门忽略了里格斯的警告，反而计划耗资数百万美元在国家海滨公园内俄勒冈河口，即目前邦纳桥的地址重建一座桥梁。这座桥极有可能在其使用期内就被海水包围、淹没。

佛罗里达大沼泽地国家公园位于佛罗里达州南部，面积超过130万英亩(5 261平方千米)。随着海平面上升，海水将注入沼泽地，生活在这里的动植物或将发生巨变。国家公园主管丹·金博尔指出，鸟类、鱼类和各种植物的变化可能不容乐观。如果没有人类的影响，海平面发生变化时这些动植物的变化会像数百万年前那样只是一种自然的波动。但当人类参与进来进行农业、旅游业和娱乐业等方面的开发后，它们的未来可能令人担忧，因为一旦海平面大幅上升，佛罗里达大沼泽将无处迁移。目前，一个耗资数十亿美元的沼泽地修复项目正在进行，旨在为下个世纪海平面上升1英尺(0.3米)的预估未雨绸缪。由于海平面实际上升速度比预期更快，很有可能下个世纪海平面上升会超过3英尺(0.9米)。那么，从长远来看，沼泽地能否“修复”就得打上问号。

西亚法莫撒自然保护区相当于葡萄牙的哈特拉斯角国家海滨公园。该保护区位于葡萄牙南部与西班牙接壤的阿尔加维省，由7个堰洲岛组成。由于自身一些特殊问题，该地区将难以应对海平面上升的危机。在这些岛上，有超过2 000栋的私家住宅系一些富人擅自占用公共土地修建，他们坚称自己有权要求政府修建防海堤来保护他们的房产。如果政府将来无法迁走这些房子，势必就要想方设法进行防护。这样，保护区便将长期上演防护工程建造和海平面上升的拉锯战，而这终将对保护区造成更大破坏。

北卡罗来纳州搬迁海持拉斯角灯塔前的准备工作。为了应对海岸线进一步侵蚀以及更多风暴的威胁，1999年灯塔沿图中的路径往后搬迁了2 000英尺(600米)。搬迁之前，社会各界对此进行了长达20年的辩论。当地官员曾对此强烈反对，理由是这会渲染当地海岸侵蚀的问题。【照片由美国公园管理局提供】

虽然全世界沿海社区的人居环境可能已引起广泛的关注和同情，但与此同时沿海自然环境也显然陷入困境，如何继续为子孙后代守护好它们同样值得关注。

海平面上升与国家危机

面对海平面上升的威胁，每个沿海国家都有自己特殊的问题要解决，这不仅仅取决于其海岸的物理和生物特性，还需将资源、政治以及文化等因素纳入考虑。海平面上升对生物多样性、渔业和旅游业的影响在高度发达的沿海地区与在偏远的不发达的沿海地区有很大不同。

宏观的来看，海平面上升对沿海国家的影响主要有以下几方面：

- 农业和非农业土地损失；
- 洪灾频繁；
- 风暴潮灾害增多；
- 海岸线和人工海滩加速侵蚀；
- 土壤和地下水加速盐碱化；
- 潮汐河流洪水线增高；
- （沼泽/红树林/珊瑚礁）生物多样性丧失；
- 水产养殖业、渔业、码头基础设施受损；
- 海滩减少，度假村面临威胁，旅游业衰退。

土地损失一般视作海平面上升造成的最小问题。当然，这种观点没有考虑图瓦卢和其他环礁岛国的情况，因为海平面上升可能会导致这些国家彻底被淹没。比较严重的是那些看上去不那么直接却对一国经济和社会造成巨大影响的情形，比如对海滨建筑构成隐患的海岸线后退；旅游基础设施受损；海堤、码头、道路等沿海基础设施受损；地下水盐碱化；造成健康隐忧的污水和排水系统损毁；近岸生物系统和食物源被破坏等。

必将摊上大问题的是一些环礁岛国和位于三角洲的国家如埃及、荷兰和孟加拉国以及拥有大片地势低洼、高度发达沿海平原的国家如美国、巴西和中国。三角洲海拔通常较低，河中泥沙自然积压导致三角洲下沉，从而加速局部海平面上升。再者，由于地下水和石油开采以及上游堤坝对填充沉积物的阻拦，三角洲沉降加剧。此外，大部分三角洲的大陆架平坦并且稍微倾斜，这样的地质结构容易促成既高又宽的风暴潮。

越 南

根据世界银行2007年的报告，海平面上升若达到3.3英尺(1米)，越南将会因为土地大量损失和居民大举搬迁而成为受海平面上升影响最大的发展中国家。越南有两个人口稠密的三角洲：红河三角洲和湄公河三角洲，跟尼罗河三角洲一样，两者都是国家的粮仓。海面上升3.3英尺将导致红河三角洲1930.5平方英里(5 000平方千米)、湄公河三角洲7 722平方英里(20 000平方千米)的土地洪灾泛滥，全国1/10的人口搬迁，12%的土地被吞噬以及12%的粮食歉收。

未来如果拦河筑坝，上游沉积物将不能随流而下充填三角洲，这将使三角洲的形势雪上加霜。中国目前尤其希望在湄公河上游修筑堤坝。沉积物缺失将使下游三角洲的土地得不到充填，一方面加快了沉降速度，另一方面造成海平面上升速度相对加快(正如今天发生在密西西比河三角洲的情形)。此外，海岸线侵蚀速度也将成比例上升。

缅 甸

缅甸的伊洛瓦底江支流无数，它们在伊洛瓦底江三角洲宽200英里(320千米)的前缘地带汇入安达曼海。伊洛瓦底江三角洲盛产稻米，长久以来一直是缅甸的粮仓。2008年5月，纳尔吉斯强气旋风暴从整个低洼的三角洲地区席卷而过，沿途造成巨大破坏。这次风暴的破坏性本不至于如此严重，但由于这些地区海拔不足3英尺(0.9米)，而风暴引发的涌潮却高达12英尺(3.7米)，导致海水倒灌，洪水泛滥，大约10万人因此丧生。

缅甸军政府在这场人间惨剧中应对不力，受到全世界强烈谴责。当局对风暴不仅全无准备，甚至灾后预估的死亡数据竟然只有区区390人(减少了3个数量级)。风暴来临前，当地几乎没有任何预警，没有居民疏散，也没有紧急避难机制。而在自身无法庇护国民安全的时候，当局依然不放松对外国人的怀疑，甚至不允许国外救援人员赶赴灾区对大量无家可归、忍饥挨饿的灾民实施紧急援助。在全球海平面加速上升的时代，缅甸在这次风暴灾害中的情形是那些政府不作为的低洼三角洲地区未来面临灾难时的缩影。随着海面不断上升，像纳尔吉斯这样的强气旋风暴以及其他巨型风暴将会给三角洲地区的居民带来越来越多、越来越大的灾难。

孟加拉国

众所周知，孟加拉国河流众多，它们赐予这片土地的就是占国土面积高达90%的河漫滩或三角洲，这也正是该国深受海平面上升影响的主要原因。全国农产品有15% ~17%产自海拔低于3.3英尺(1米)的三角洲地区。海平面若上升3.3英尺，受灾害影响的人数估计会有1 300万~3 000万，其中至少有1 500万人将被迫成为环境难民。

亚洲最大的两条河流恒河和雅鲁藏布江在孟加拉国交汇成为梅格纳河。梅格纳河支系庞大，它们穿过世界最大的恒河三角洲后注入孟加拉湾。随着海平面上升与气旋风暴增强，更高的风暴潮易于形成，三角洲的未来令人担忧。在1970年和1991年，强气旋导致的风暴潮就分别夺走了50万和14万人性命。在1992年和1998年，该国超过一半的国土因风暴潮而洪水泛滥。海平面上升使下游河流的梯度减小，这意味着三角洲的洪泛区退水排涝更加缓慢，洪水向内陆渗透得更远。

海平面上升对孟加拉国造成的影响可从该国农业以及水质水量的明显变化窥探一二。在三角洲最外沿的农业区，土壤盐碱度增加已对产量造成影响，相当一部分水稻作物甚至已经死亡。显然，未来该国的水稻产量将大幅减少。

在应对风暴灾难方面，孟加拉国的民主政府与缅甸军政府有云泥之别。一直以来，该国政府致力于规范沿海建筑并搭造高桩基修建了2 500个混凝土避难所。此外，政府还建立预警系统，组建了32 000人的救灾团队，并对疏散方案进行广泛宣传等。多方努力已大大减轻了这个低洼国度的受灾程度。

该国减灾的另一丝希望来自于河泥转移，即把河泥转移至恒河三角洲的“碗状”坳陷区，这与密西西比河三角洲的做法相似。尽管无法从根本上解决问题，但新物质的填充能使低洼地区的海拔有所增高从而减轻灾难造成的影响。

埃　及

尼罗河三角洲，全球最古老的农业精耕区之一，仅占埃及国土面积的2.5%，但按世界银行估计，只要海平面上升3.3英尺(1米)，占全国9%的人口就将流离失所。平行于三角洲海岸的宽3.1英里(5千米)的延伸带绝大部分海拔都低于7英尺(2米)，其附近有一串堰洲岛和沙丘，能在风暴来临时减少洪水和风暴波对该地的冲击。然而，随着海平面不断上升以及横截尼罗河的阿斯旺水坝(Aswan Dam)对泥沙的阻拦，这些具有保护作用的沙丘正迅速消失。

然而，一些政府官员仍对尼罗河三角洲面临的威胁持怀疑态度。例如，埃及环境质量部部长莫斯塔法·萨利赫就认为有关洪灾的预测被夸大了，其目的无非是想引起国际对埃及环境问题的关注。在《中东时报》2008年的报道中，萨利赫说：“即使海平面上升1米就会导致洪水涌入内陆40英里，那也不能就此认定尼罗河三角洲绝大部分地区会受到波及!”这种应对海平面上升的消极态度，在许多国家的政府官员中并不鲜见。

荷　兰

荷兰政府为应对海平面上升比其他任何国家都投入了更多的财力和心力。该国的许多研究机构长期致力于与海平面上升有关的经济、社会、海洋、工程和政治研究。国民也普遍达成一种共识，即他们现在所做的一切都是为了保护自己免受海洋的伤害，因此，他们完全赞同政府在这方面投入大量资金。荷兰建有连绵数英里的防洪堤、排水堤、人造滩、拦海堤、丁坝以及防波堤，还安装有控制陆地水流进出的巨型潮闸，所有这些都称得上是世界最先进的海岸防护工程。荷兰人常说，工程才是解决问题的关键。与孟加拉国不同，荷兰政府有足够的资金去落实这些工程。

荷兰这个国家面积不大，却相对富裕。在海平面上升的时代，荷兰人保护家园的工程方案对别的国家来说不仅花费高昂，对环境的破坏也不容小觑。一直以来，路易斯安那州不少政府官员试图以荷兰为楷模来保护密西西比河三角洲。但如果照此实施，必将酿成另一个环境灾难。该洲没必要去冒这个险，美国国土广袤，海平面上升造成的难民完全可以搬迁到这个国家的其他地方重建家园。

新加坡

新加坡的机场、港口设施和绝大多数商业区都坐落在马来半岛南端，而这里平均海拔不足 7 英尺(2 米)。该国另外还通过填海造田拓出新陆域，但不断上涨的海水使这些新增国土面临尤为严重的威胁。与荷兰一样，新加坡是个富裕、高效的国家；但与荷兰不同，新加坡在建造大型海岸工程方面缺乏经验。地方官员希望通过广筑海堤来保护这座城市(至少在一段时间内)免受海洋上升的危害。

印度尼西亚

在印度尼西亚的 17 000 座岛屿中，受海平面上升影响最大的是爪哇岛，岛上居民共有 1.1 亿。印尼首都雅加达位于爪哇岛北部，人口 850 万，是印尼最大的城市，也是全球受海平面上升威胁最大的城市之一。据印尼科学家们估计，这里的机场将会在 2035 年被淹没。2007 年 11 月，通往机场的公路曾一度被风暴严重破坏，高涨的风暴潮甚至漫过了城市北海岸的防海堤。这样的风暴在未来还会更加频繁地光顾这座城市。据当地政府估算，到 2050 年，(在没有防护工程的情况下)大约 24% 的城区将会消失。部分人认为雅加达将被迫迁移到 112 英里(180 千米)外海拔较高的万隆地区。

海平面上升与城市危机

正如扩张的海洋会对不同沿海国家造成不同影响，那些易受海平面上升影响的沿海城市由于不同的客观因素，如潮汐振幅、风暴潮及风浪潜势、低地面积等，受灾情况也会有所不同。城市的文明程度和可利用资源的多寡是决定防灾救灾质量的重要因素。当然在应对灾难时，还需将具体城市特殊的不安全因素纳入考虑，例如纽约、伦敦、华盛顿特区的地铁系统。对全球所有易受灾的沿海城市而言，海平面上升造成的影响如下：

- 城市的防洪排涝系统、污水处理设施和地铁系统阻塞；
- 民用水被污染或盐碱化；
- 城区泛洪；
- 风暴潮影响面积扩大；
- 保护海岸平原的堰洲岛消失；
- 水、电、公路、铁路、港口等相关基础设施被损毁；
- 排水堤、防洪堤、拦海堤修建以及建筑搬迁的需求增加。

受经济合作与发展组织（OECD，简称“经合组织”）赞助，密德萨斯大学罗伯特·尼科尔斯（Robert Nicholls）教授及其同事进行的一项最新研究表明，由于世界主要沿海城市人口增长，到2070年，如果海平面上升达20英寸（50厘米），将有多达1.5亿人（超过目前4 000万濒危人口的3倍）不得不依赖堤坝等防护工程来维系生存，这还仅仅是保守的估计。

经合组织的这份研究按照财产洪损敏感性（仅是洪水，未将风暴潮的影响纳入考虑）——一种评估海平面上升潜在危害的实用指标（不包括生命损失和人口搬迁），排出全球最易受灾城市的前十名：迈阿密（最危险）、纽约/纽瓦克、新奥尔良、大阪/神户、东京、阿姆斯特丹、鹿特丹、名古屋、坦帕/圣·彼得堡、弗吉尼亚海滩。这排名前十的城市中有一半是美国城市，迈阿密还首当其冲（在其他类似的濒危城市排行榜上也是如此）。

按照相同指标，经合组织列出美国排名前十的濒危城市为：迈阿密、纽约/纽瓦克、新奥尔良、坦帕、弗吉尼亚滩、波士顿、费城、圣佛朗西斯科/奥克兰、洛杉矶和休斯敦。排在前七位的城市都是位于东部和墨西哥湾沿海平原边缘的城市。这份排名虽只是按洪灾影响程度得出，但仍然具有参考价值。

如果从经济学的角度来考虑危机应对，城市的问题可能要比乡村或旅游景区的问题优先解决。保护曼哈顿当然要优先于保护北卡罗来纳州的赖茨维尔滩或华盛顿州的维景湾或美国数以百计的其他海滨旅游城市。在英国，保护伦敦要比保护马尔盖特和北布莱克普尔海滨度假地优先。而在孟加拉国，保护首都达卡毫无疑问比保护恒河三角洲外缘的农业区更为重要。

在下个世纪，海平面上升对沿海低海拔城市的影响既可能是毁灭性的也可能不值一提，关键取决于这些城市或国家是否愿意投入大量的各种资源。此外，发达国家对发展中国家的援助也很重要。2007 年在印度尼西亚巴厘岛举行的联合国气候变化大会曾提议让富裕的国家帮助发展中国家修建防海堤，结果却不了了之。未来海平面上升 3.3 英尺(1 米)就可能致使以下这些不堪一击的沿海低海拔城市彻底崩溃，如孟加拉国的达卡、越南的胡志明市、尼日利亚的拉各斯、哥伦比亚的巴兰基亚、缅甸的仰光以及科特迪瓦的阿比让。对于这些城市而言，可能在从今开始的百年内进行人口大迁移才是明智之举。在资源丰富的发达国家，如果政府愿意为守护海岸线而投入人力物力，那么同样程度的海平面上升对其沿海城市的影响就有可能不那么严重，比如韩国的仁川、加拿大的温哥华、英国的伦敦、日本的东京以及美国佛罗里达州的迈阿密等。但随着海平面的持续上升，更大的灾难迟早会降临，届时这些城市同样不得不进行人口大迁移。

第八章　零地带：密西西比河三角洲

是时候问问花数十亿美元修建大规模的沿海防护工程是否还有意义。海平面在持续上升，风暴也愈加强烈，在势不可挡的自然力量面前，也许是时候考虑某些地区的弃留问题了。

——布鲁斯·巴比特，《达拉斯晨报》评论文章，2008 年 9 月

在路易斯安那州南部，自然变化与人为影响相结合，导致其沿海地区在数十年间不断被洪水淹没。这片地区现已成为美国在海平面上升趋势下的零地带(即极端灾难发生地)。气候变暖将对海岸地区构成潜在威胁，早在全球敲响警钟之前，密西西比河三角洲及其附近地区的居民就已亲历了土地锐减这个梦魇的真实和可怕。然而，路易斯安那州的政治团体却依然坚信这个地区能够保存下去，甚至还会繁荣兴盛，即使现今的环境已险象环生。

史料记载中对新奥尔良地区的开拓过程不乏诋毁和贬损，原因是这里低地和沼泽众多，给 18 世纪的拓荒者制造了不少麻烦。然而新奥尔良地处美国运输大动脉密西西比河的咽喉地带，其地理位置的重要性毋庸置疑。前总统托马斯·杰斐逊显然也认识到这一点。1803 年这块“不毛之地”作为路易斯安那州购地案的一部分被美国人从法国人手里购买下来。早期的法国、德国和西班牙定居者占据了这处由河水冲积而成的天然“堤坝”。事实上，新奥尔良的别名“新月城”就来自密西西比河大拐弯处这片由河道沉积物堆积而成的弧形天然高地。

20 世纪 20 年代，工程师兼发明家艾·鲍德温·伍德壮志雄心地实施了一项计划——用自己设计的大型水泵给新奥尔良排水。伍德的水泵和排水系统促使城市面积得以迅速扩张。今天，由于 2005 年卡特里娜飓风造成

的影响，这个城市大部分城区及部分周边地区的海拔已低于海平面。在过去的100年里，如火如荼的城市发展已使旧城区没有多余空间，人们不得不前往附近地势更低的地区定居。对于今天居住在这里的许多人来说，2005年的飓风卡特里娜和飓风丽塔，2008年的飓风古斯塔夫和飓风艾克已使他们深刻认识到路易斯安那州南部这片地区在风暴来临时的不堪一击。今天它之所以如此脆弱，很大程度上是这些风暴导致海岸土地损失所致。事实上，新奥尔良地区在数百年前尚未开发的时候就极易受灾。1722年的飓风曾一度摧毁这个地区，当时一些法国殖民者曾断言此地不适宜居住；而1779年的飓风，按时任总督的记录，使所有建筑设施和粮食仓储毁于一旦。历史上，由于飓风不时降临，其附近（密西西比河三角洲外缘）堰洲岛上的早期定居点几乎已被破坏殆尽。显然，灾难一直都伴随着这片脆弱的土地。著名的帕特·奥布赖恩飓风鸡尾酒就是因盛酒的杯具形似飓风灯而得其名，但如果说它是因为诞生在飓风频频光顾的新奥尔良市而得此名恐也不为过。

尽管飓风周期性的降临此地，人们仍然住了下来。他们有很多现实原因——这里有农业、渔业、石油开采业以及其他赖以为生的生计；也有一些不那么现实的原因——这里有他们独特的传统和文化。2005年9月4日，作家安妮·赖斯（Anne Rice）在《纽约时报》上曾这样解释卡特里娜飓风后居民们努力修复这座城市的行为：

> 他们会像以往一样在风暴后重建自己的家园；他们将继续待在新奥尔良，因为这是他们一直居住的地方，也是他们祖祖辈辈生活的地方，他们的祖先建造了这里的教堂，他们家族的名字早在200年前就镌刻在墓园的石碑上。他们将继续留在这里，只有这样他们才能感受到别的地方早已遗失了的家园的甜蜜和温馨。

诚然，人们会有很多理由去保护路易斯安那州南部这片土地的风景、生态、文化和经济，使其未来免遭风暴蹂躏和海平面上升的威胁。而摆在面前的问题是：我们能否成功？代价是什么？以及谁来埋单？

上升的海平面，下沉的路易斯安那州海岸

在前面的章节中，我们曾指出全球绝对的海平面上升与地区相对的海平面上升有显著不同。地面下沉(或沉降)的沿海地区，其周边海平面实际上升的速度远高于地表稳定的沿海地区。路易斯安那州南部的情况正是如此。

这里三角洲的平原和湿地因受多种因素动态的相互作用而在发生变化，这些因素包括密西西比河水域和墨西哥湾水域的变化、三角洲上沉积物的累积以及植被的稳定状态、海平面上升情况等。路易斯安那州立大学地质学家 R. J. 拉塞尔教授早在20 世纪 30 年代就认识到，这些因素在三角洲湿地的健康维系以及海岸快速后退方面有着巨大影响。20 世纪 70 年代，科学家们已着手量化土地损失率，在这个过程中，他们许多人都为土地损失的惊人数量以及还在加快的土地减损速度感到震惊！

据估计，这里的土地在过去 50 年里以每年 40 平方英里(100 平方千米)的速度减少，这个数字着实令人震惊。在20 世纪 90 年代，由于采取了一些措施来减少土地损失并减缓了石油和天然气的开采，土地减损的速度才有所放缓。但即便如此，目前土地减损速度据估计每年仍介于 25 ~ 35 平方英里(60 ~ 90 平方千米)之间。美国地质调查局的数据表明，仅在 2005 年的飓风季，大片的湿地就消失殆尽，取而代之的是一片 271 平方英里(700 平方千米)的开阔水域。在未来，一些受飓风影响的湿地可能会逐渐恢复，但究竟能恢复到什么程度却是每个人心中的疑问。

此外，围绕密西西比河三角洲的堰洲岛也逐渐在消失。风暴是造成大部分岛屿侵蚀并消亡的主因。德尼尔列岛在 1992 年被安德鲁飓风严重破坏，尚德卢尔群岛在 2005 年则几乎被卡特里娜飓风摧毁。要知道，这些堰洲岛本身不仅仅是重要的野生动植物栖息地，它们还是保护后方湿地使其免受波浪冲击的天然屏障。

陆地卫星（LANDSAT）传送的图像显示密西西比河三角洲的部分沼泽已经变成开阔水域。图中参差不齐的沼泽轮廓就是沼泽地逐渐消失的明证。海平面上升，地面沉降以及密西西比河的沉积物淤滞而无法抵达下游，是造成这种局面的主要原因。【美国地质调查局】

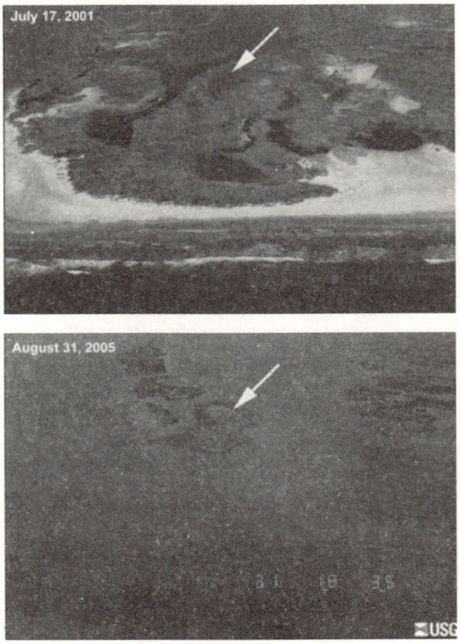

卡特里娜飓风几乎使路易斯安那州的尚德卢尔群岛消失殆尽。它们不大可能再恢复原貌。右边是 2001 年飓风发生前和 2005 年飓风发生后尚德卢尔群岛的照片，照片中的箭头指向同一地区同一位置。【美国地质调查局】

为了阻止土地损失以及拯救部分濒危的生态系统，不少研究人员投入到对路易斯安那州海岸的研究中。正是通过他们的辛勤工作，近几十年来大量关于三角洲发展现状、湿地生态以及环境恢复等方面的信息才为更多人知晓。虽然在路易斯安那州海岸的具体恢复方案上曾有过争执，但这丝毫无损我们对他们的敬重。正是这些研究人员的努力，我们才弄明白这片土地消亡的原因和后果。

河流在流向海洋的过程中会携带泥沙，最终这些泥沙在河口大量沉积形成像密西西比河三角洲这样的冲积平原。路易斯安那州南部的密西西比河三角洲平原面积超过 50 万英亩(2023 平方千米)，其巨大的重量不仅夯实了下面的历史沉积物，也把它们压进更深的地层中，这样就造成这个地区陆地和湿地的自然沉降。而河流在流经三角洲时会继续把新的泥沙运来，泥沙沉积在地表从而对沉降的土地又形成充填。三角洲湿地植物脱落的茎叶(有机沉积物)也有助于泥沙的滞留和聚集。但这种沉降复又充填的平衡会被许多因素打破。

在路易斯安那州，密西西比河三角洲的快速沉陷以及部分湿地和堰洲岛的消失都是自然力量与人为力量相互作用且彼此相长造成的结果。除去全球海平面绝对性上升这一事实，目前造成土地损失的最大原因就是三角洲平原的河道沉积物大量减少。在欧洲人来到美洲之前，密西西比河蜿蜒穿梭于路易斯安那州南部，在洪泛时期将泥沙运送至河口或入海口。这些沉积物的填充使沿海湿地的海拔高度得以维持，并使附近堰洲岛损失的沙丘得到补充。当河流的沉积中心位置发生改变时，老河道河口也会发生土地损失的情况。但对比现今的土地损失率，这种自然的土地损失规模小且具有周期性。在过去的 100 年里，人类活动已造成密西西比河三角洲一些关键地区因得不到自然沉积物的及时填充而出现土地大幅缩减的情况。

采取措施将河流控制在现有河道内以及通过修建防洪堤来减轻洪灾都会剥夺湿地获取所需沉积物的机会。当然，堤坝建设对于保护当地逐渐增多的居民以及重要的基础设施也很有必要。这种情况的确让人左右为难。此外，沿密西西比河支流(尤其是密苏里河)建造水坝也使泥沙淤滞水库，造成密西西比河下游地区得不到足够的沉积物。今天的水坝大多数建于

1950 年。据估计，现今河道沉积物的总量仅是 1950 年前的一半。另外，由于河道加筑堤坝，洪水发生时大量沉积物随着被拘囿的河水沿河道流往更深的水域，而不再像以往借着洪水泛滥均衡地散布在整个湿地。

沉积物淤积量的相对不足极大地破坏了密西西比河三角洲地面沉降与泥沙充填之间的自然平衡。后果是：大量湿地的海拔逐渐降低，甚至低到连湿地植被也无法存活的境地。在一些海岸附近，连绵数英里的沼泽也在不断消失。

更糟糕的是，为发展石油业、船运业和渔业，人们还广修航道。这不但对湿地造成直接破坏，还改变了当地水文环境，使本来就在破坏甚至摧毁淡水湿地的海水和风暴潮能够长驱直入，危害更多地区。

有种观点认为，密西西比河三角洲平原上许多行业都在开采石油或地下水的行为是造成当地地表加速沉降的主要原因之一。对开采式地表沉降给路易斯安那州湿地造成的负面影响，美国地质调查局的鲍勃·莫顿一直都在进行观察和记录。他提交的研究报告引起路易斯安那州政治家们的恐慌。显然，把地表沉降的问题归咎于密苏里的水坝(外在因素)要比谴责当地重要工业的活动(内在因素)容易得多。最近，还有一些地质学家们认为这里地表的沉降是因为其地下深处的地质单元发生了构造运动。这大概是最可怕的解释了，倘若属实，就意味着我们将没有任何办法解决这个问题。总而言之，以上这些因素对地表沉降和土地损失的影响具体有多大目前仍在热议中。

最后要指出，全球海平面上升的速度以及风暴频率或强度增加的几率才是决定这个地区未来的最大未知数。验潮仪数据显示，上个世纪路易斯安那州局部的、相对的海平面上升超过 3 英尺(0.9 米)，其中全球的、绝对的海平面上升仅贡献了一小部分数据，其余的都是由土地沉降造成。正如一些专家所预测，假如下个世纪全球海平面上升 6 英尺(1.8 米)，同时把地表沉降因素纳入考虑的话，路易斯安那州地区局部海平面上升将达到 9 ~ 12 英尺(3 ~ 4 米)！这绝对是灾难性的，不仅前面所有恢复土地的努力都将化为零，而且新奥尔良市也将面临直接覆灭的威胁。

我们如何应对土地损失

对沿海各种重要的、多样化的生态系统而言，路易斯安那州湿地和堰洲岛的消失正威胁着它们的活力和完整性。那些必须依靠健康的海岸环境才能有所发展的产业同样也面临威胁。河口湿地的萎缩意味着商业性鱼类的栖息地在减少，而海岸陆地减少则对近海石油服务行业的基础设施构成直接威胁。

修复路易斯安那州沿海地区的建议已提出多年。近几十年，一份由路易斯安那州自然资源部及其多个合作方共同发行于1998年的计划书为海岸修复提出首个意见统一的方案。这份名为《海岸2050：路易斯安那州海岸之可持续发展》的计划书，在现行联邦和州法律框架下试图勾画出一个综合性方案来减少湿地损失并保护三角洲社区，即2007年路易斯安那州海岸保护与修复管理局发布的《综合生态系统修复与飓风防护：路易斯安那州海岸地区可持续发展总体规划》和美国陆军工程兵团在2008年发布的《路易斯安那州海岸保护与修复报告》。这些文件都详细描述了一个在过去几年中已逐步展开的计划，其要点概括如下。

（1）改变河水流向。在防洪堤上开洞引流，让密西西比河河水偶尔“洪泛”到三角洲平原并沉积泥沙。卡那封已经采取这种人工导流的办法，新增沉积物使淡水湿地得到良好修复。

（2）利用疏浚的泥沙修复沼泽。通过挖泥清淤，长距离管道输送等方式把淤滞在浅滩和近海的泥沙回填到沉降水洼。

（3）管理航道。关闭闲置航道，防止盐水入侵；充分利用现有水道将水和沉积物移送到偏远海岸。

（4）修复堰洲岛。用大量泥沙铺盖海岸，并建造岩石围垒防止其流失，以期重建或复原堰洲岛。

（5）加固海岸线。建造防海堤和防洪堤以减小波浪对包括湿地在内的各类海岸线的冲击。

（6）关闭密西西比河海湾出口（即MRGO航道）。这条建于1965年的深水航道被认为是导致新奥尔良2005年被洪水淹没的主要原因。当时卡特里娜飓风引发风暴潮，汹涌的潮水正是沿着这条航道才洪泛该城。这条巷道使用不多，美国陆军工程兵团最近建议筑坝封锁航道。

在众多具体举措中，美国陆军工程兵团和路易斯安那州政府提出的名为“从莫甘扎到墨西哥湾”的飓风防护项目最为狂妄，造价也最为高昂。它旨在建造一条长约 72 英里(120 千米)且带泄洪闸设计的硬土防洪堤来保护路易斯安那州部分沿海地区免受风暴之灾。这个项目的建造资金高达 107 亿美元，而提出它的机构在历次防洪抗洪中几乎是屡战屡败。很难预测这样一条堤坝对现存湿地会有怎样的影响。已有人认为它将造就一种错误的安全观，因为它鼓励人们牺牲现有湿地以换取保护。这个项目注定要以失败告终，但我们却无法阻止。

毫无疑问，一些提案中对某些湿地进行修复的建议是积极而富有建设性的。然而，从长远来看，要达到提案预期那样保护路易斯安那州海岸土地完整而不受任何损失的目标，在目前土地持续沉陷海平面持续上升的情况下是不大可能实现的。迄今为止，还没有谁敢宣称土地减损的趋势会发生逆转，甚至几乎没人相信人类有能力阻止土地损失。

卡那封淡水调水工程的水道入口，背景是密西西比河。该工程是路易斯安那州为修复湿地所做的部分努力。图中的水道将密西西比河河水从旧河道引出使之泛滥在湿地上，以此为湿地补充所需的沉积物。该工程的最终目标旨在增加密西西比三角洲湿地的高度，使其免于被上升的海水淹没

那么，如何看待这些提案？就保护新奥尔良或路易斯安那三角洲这样的提案而言，重要的是弄清修复工作与工程建设之间的区别。在防护堤坝上开辟渠道使河流得以重新泛滥于平原以使湿地自然地获得沉积物，这是在做修复；而用岩石围垒将堰洲岛包围得严严实实或每三年给堰洲岛填注泥沙，则是在做工程。对生态系统的修复在某种程度上意味着摆脱经常性的、主动的人为管控。相比之下，工程建设则需要人对建筑体进行经常性的维护、扩充或变更。这样看来，旨在“修复”路易斯安那州海岸而提供的资金应当投放到减少工程建设的自然修复项目上才合情合理。毕竟，在海平面不断上升、三角洲持续下沉的情况下，一个仅依赖岩石工程圈护的湿地你能指望它维持多久？

近来两份审查报告对路易斯安那州的修复计划做了深刻评述。一份针对《海岸2050》计划书，由美国国家科学院（NAS）审查小组在2006年发布；另一份针对美国陆军工程兵团的《路易斯安那州海岸保护与修复报告》，由国家科学院另一审查小组2008年发布。按照《路易斯安那州海岸保护与修复报告》草案，所有具体修复工作都应基于海岸现状的维持或现有海岸景观的保持。然而，国家科学院审查小组的报告认为，陆军工程兵团提交的这份报告并未就目前或将来地表沉降、湿地退化、（特别是）海平面上升速度加快的形势下海岸仍能维持现状这一预期目标提供充分依据。

此外，在沉积物总量能否满足路易斯安那州未来堤坝建造和湿地维护这一根本问题上，陆军工程兵团的报告同样未进行相关分析。2008年，在美国地质学会年会召开之前，路易斯安那州立大学前研究员迈克·布卢姆提交了一份报告，对可用于海岸湿地维护的沉积物总量进行初步分析。其结论是，即使不考虑海平面急剧上升带来的影响，要达到较为理想的海岸修复效果，可用沉积物的数量也远远不够。如果不可能对整个海岸进行修复，那么决策者和居民最终不得不面临艰难抉择：修复容易修复的海岸，放弃其余海岸。

美国国家科学院的报告认为在可预见的未来，部分海岸湿地有可能被修复。但究竟哪些湿地可以被成功修复，哪些湿地不可避免地会消失，这份报告最终也没言明。总而言之，怎样才能有效维护海岸并实现“可持续发展”，这个问题很难找到明确答案。

前内政部长布鲁斯·巴比特(Bruce Babbitt)曾在2008年指出一个“无法避免的事实”(按《科学新闻》报道)，即今天路易斯安那州的沿海居民在其有生之年将会亲眼目睹当地“绝大部分土地被淹没在水下。”同时，他指责时任联邦官员既没有为当地居民制订移民计划，也没有心怀“诚实和怜悯”，将面临的困境据实以告。

修复湿地能抵御风暴吗

飓风卡特里娜、丽塔和艾克给密西西比三角洲造成的破坏使许多人认识到：湿地和堰洲岛的消失正导致三角洲越来越多的地方暴露于飓风的淫威之下。毫无疑问，当前路易斯安那州大片淡水湿地的消失是一个巨大的环境灾难。随之而来的是栖息地、生物多样性以及自然美景的消失，这确实令人忧虑不安。仅从保护濒危生态系统的角度出发，任何为修复这片湿地而做出的努力都合情合理。

但事实是相对于环境方面的顾虑，人们更担心经济面临的损失。显然，湿地不断消失对有经济价值的渔场、对捕杀动物获取毛皮的狩猎活动以及对其他直接利用这个生态系统谋划生计的人们构成巨大威胁。如果还有人进一步指出湿地是海岸社区、基础设施甚至整个新奥尔良市防护飓风的屏障，那么湿地保护将显得更加紧要和迫切。如此一来，海岸修复项目的性价比将会得到极大提高，相关项目也会获得更多支持。

鉴于此，部分州政府官员、科学家甚至环保人士越来越多地在强调这样的理念：修复湿地和堰洲岛能够保护路易斯安那州沿海地区乃至新奥尔良市免受飓风和洪水之灾。这固然是一个虚妄的承诺。然而，对于耗资将达数十亿美元的修复项目而言，这是个颇能蛊惑人心的说辞。如果能证明石油工业的基础设施连同新奥尔良城区都会受到保护，那么修复项目的好处将显得不可估量。对于重视文化传统的社区，如果宣传这个项目能使整个三角洲社区免受海平面上升的威胁，这对不愿意搬迁的居民而言也是一个至关重要的“利好”消息。

然而，鲜有证据表明修复海岸湿地就能确保三角洲的基础设施和社区完全不受风暴灾害影响。18 世纪在路易斯安那州大片沿海湿地尚未消失之量，飓风也曾多次光临，引发的洪水也在当地反复泛滥。当时的防护设施远不如今天先进，但从史料来看，彼时的海岸却远比今天“健康”。然而即便如此，飓风还是对海岸地区造成破坏，甚至深入内陆造成影响。

当风暴突袭海岸，海平面会骤然上升形成类似于天文高潮的风暴潮。风暴潮的浪高取决于一系列因素，如海岸形状、岸外坡坡度、飓风路径以及飓风的具体状况（如风速、规模等）。在卡特里娜飓风期间，密西西比河三角洲沿岸地区的风暴潮曾一度高达 30 英尺(9.1 米)。想象一下比常见海潮骤然高出 30 英尺(9.1 米)的大潮的样子，再想象一下飓风造成的高涌浪与天文大潮的高潮进一步叠加的情形：水位暴涨、海水倒灌、狂涛恶浪、泛滥成灾，这就是风暴潮造成的影响。

近来，有人宣称路易斯安那州海岸湿地修复项目的主旨就是要通过湿地修复来减轻风暴潮对海岸社区的冲击。它给人造成一种错觉，即海岸社区前方的缓冲湿地越多，风暴潮受阻后其潮高就会降得越低。但是湿地与风暴潮之间的联系绝非如此简单。1989 年南卡罗来纳州雨果飓风发生之后，检测到风暴潮的最高潮位就发生在受堰洲岛和沼泽[绵延 6 英里(9.7 千米)]“保护”的米克勒兰威勒镇。事实上，这次风暴潮在沼泽后方的潮位要比沼泽前方的高。

当然，有些地区的沼泽确实有助于削弱风暴潮，但作用并不大。美国陆军工程兵团的泰·沃姆斯利认为，路易斯安那州的一些湿地在某次风暴中确实稍微削弱了风暴潮，但在另一次风暴中，风暴潮在经过这片湿地之后却变得更强大。总体来看，他观测到的湿地对风暴潮的削减作用其实相当微小[仅 1 英尺(0.3 米)左右]。这个数据对想要防止风暴冲击的海岸低地而言，意义并不大。

目前，尚未有科学的实地数据能确凿证明湿地与风暴潮或涌浪的衰减之间存在联系。美国陆军工程兵团曾宣称：风暴潮每在湿地上推进 2.8 英里(4.5 千米)，潮高就会下降 1 英尺(0.3 米)。这个目前被广泛引用的说法事实上缺乏坚实的科学依据。其数据源自工程兵团 1963 年的一份报告，报告中的统计数据陈旧，远至 1915 年，其准确性也值得怀疑：报告只对 7

次飓风中各不相同的寥寥数个地点进行测量，且没有明确告之这些测量地点的性质，即它们究竟全部都是湿地还是包括了部分旱地。图表中的直线明显反映出为了达成1英尺:2.8英里(0.3米:4.5千米)这一比率，统计数据被人为地做了均值处理。目前许多路易斯安那州的科学家都不认同并且拒绝使用这些数据。然而，只要用谷歌简单一搜，仍会发现不少媒体、政府机构以及环保组织还在广泛地引用这些数据，把它们当做湿地能削弱风暴潮的量化依据。

最近，人们使用一些精密的计算机模型来解释湿地在削弱风暴潮方面的潜在作用。他们希望这些模型能够为湿地削减潮高的假设提供初步证据。然而，跟其他任何针对风暴潮与湿地之间联系而进行的研究一样，这些模型也存在数据方面的问题，即几乎没有科学有效的数据可以用来校正模型、验证预测，甚至做简易的定量分析。

风暴潮的数据采集特别困难。它不能通过卫星来完成，研究人员也不大可能在飓风来临时亲自去做实地测量。可行的办法唯有对风暴潮留下的痕迹进行考察，比如检测静水线等。而这同样存在问题：一来对这些痕迹的测量只能提供风暴潮潮高的估值，二来这些痕迹的数量极为有限。在一些开放的湿地区域，由于没有固定的岩石可充当标记物或留下自然水痕，测量工作甚至无从进行。在几乎没有湿地潮高的有效数据的情况下，试问我们如何才能证明湿地与风暴潮具有上述关联呢？我们无法证明。

迄今为止，只有美国地质勘探局在丽塔飓风来临时采集风暴潮数据的方法最值得借鉴。当时，科学家赶在飓风抵达前奔赴海岸，将用来测量水位高度的47个压力传感器捆绑固定在电话线杆和堤坝的基桩上。这些设备被安置在33个不同的地点，出色地记录相关数据。然而，由于所有设备被分散在方圆4 000平方英里(10 400平方千米)的范围内，点与点之间宽广区域内的数据变化几乎没有采集，故参考价值有所折扣。但即便如此，这也是有史以来在采集风暴潮数据方面做过的最佳尝试。

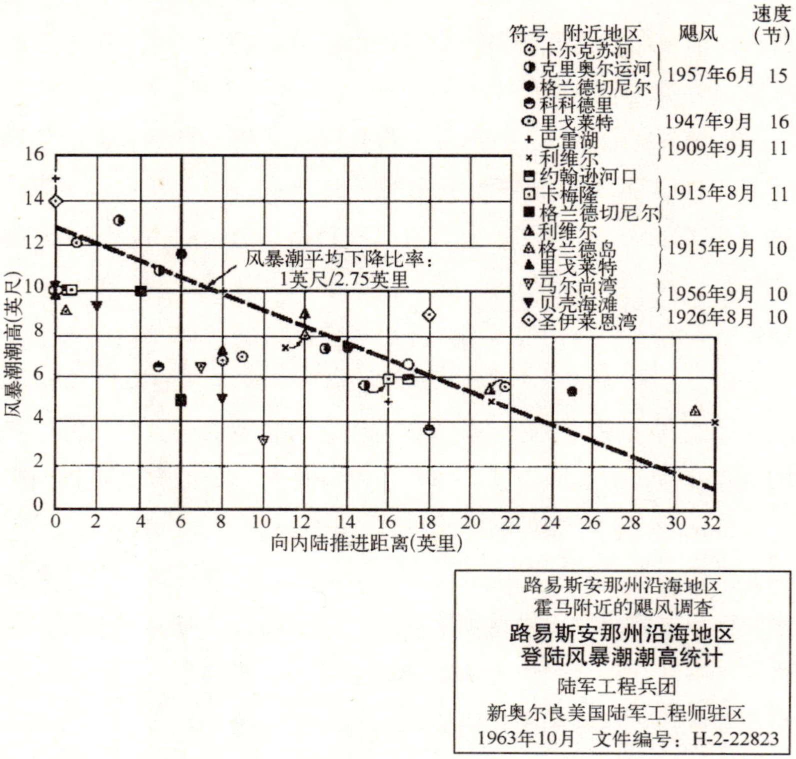

该图来自美国陆军工程兵团 1963 年发布的一份晦涩难懂的报告。当时工程兵团宣称湿地有助于削弱风暴潮，而这张图表正是支撑这个论断的依据。通过查看其中的原始数据，我们只能说两者之间的关联其实非常薄弱

2007 年，风暴潮有效数据的缺乏成为第一届库洛维海岸会议白皮书中高度关注的问题。在这次会议上，由约 30 名从事海岸研究的科学家和工程师组成的专家小组达成一项共识：缺乏有效的风暴潮数据是影响海岸灾害预测的关键因素。这项共识暗示了一个事实：在湿地增减是否对风暴潮强弱造成影响的问题上，我们目前还无法进行准确建模或者预测。

再回头看看路易斯安那州的情况。任何有关湿地可以削弱风暴潮的说法其实都只是在假设。也有人曾指出，在 2004 年印度洋海啸中湿地就对沿海地区起到保护作用。但要知道那里的湿地绝大多数是红树林，当然可以起到良好的防护作用。然而在路易斯安那州沿海地区，红树林却并不是湿地植被的主要类型。最后，正如前面两份国家科学院报告给出的结论，湿地的存在有利于减轻风暴潮危害这个说法缺乏依据，并不可靠。

然而，正是借着湿地必将削弱风暴潮这个承诺，一个庞大的、花费高昂的湿地修复项目正被兜售给路易斯安那州和美国其他地区。这个承诺极具误导性并且十分危险。如果沿海居民听信该承诺并形成湿地将保护海岸社区免受风暴危害的错误安全观，他们将永远错失为保护自己、家人和财产而做出正确选择的机会。

路易斯安那州海洋基金会 2008 年出版的《路易斯安那州沿海减灾指南》曾这样写道："2005 年的飓风提醒我们，即使倾尽全力，我们也很难在大自然的施威下全身而退。在一些自然灾害面前我们远比自己想象的脆弱……我们不得不向全社会求助，但由于立场僵持或理据不足，对灾害的防治总是错漏百出，且一再延误。"

要推动密西西比河三角洲的环境修复项目，保住渔场和维系生态系统就是最佳理由，拿目前尚无定论的湿地飓风防护功能来当说辞风险实在太大。路易斯安那州南部地区的情况极有可能还会继续恶化，不管投入多少资金恐怕都难以有所改善。类似卡特里娜飓风的风暴灾害若再次降临，造成的破坏可能将更为巨大，而目前当地社区和基础设施完全无力再次承受这样的打击。我们越早认识到修复项目无法确保安全这一事实，我们就能越早为未来做出明智的选择。毕竟，全球海平面上升的时代已经来临。

对于地处三角洲低洼地带的小镇比如科科德里和霍马，路易斯安那州沿海地区的官员们应该开始着手为它们制订 B 计划。目前这些小镇部分地区的处境已十分危急，如何动员当地社区搬迁，是应当马上考虑的问题。可能对于不少政府官员来说，这个建议听上去有些悲观，但从长远来看，这恐怕是拯救这些城镇的唯一办法。

路易斯安那州三角洲地区的许多居民都反复谈到维系当地社区的完整性有多么重要以及这里的文化是多么独特多么值得保护。那么，从现在开始对将来灾后安置问题进行规划也许是使社区的完整性得到保护和延续的最佳方式。如果不事先做好这个规划，灾难发生后他们将只能像卡特里娜飓风过后的难民一样分散于美国各地。要保护三角洲文化，居民们应当接受其社区或许将无法就地保存的现实，唯有如此，他们珍爱的文化才能获得真正意义上的拯救。对于希什马里夫、图瓦卢以及世界上其他正遭受海平面上升威胁的地区而言，其居民同样应当认清这个事实。

第九章 撤离的号角

海平面正在上升，美国的海岸线在不断后退。经济和环境的现状使我们面临两个选择：(1)立即着手战略性撤离计划；(2)斥巨资强化海岸防御工程，并根据将来受灾情况逐步进行撤离。

——J. D. 霍华德 等《海岸保护国家战略白皮书》，1985 年

海平面上升通常造成四种影响：海岸侵蚀、风暴入侵、洪水泛滥和土地盐碱化。其中，海岸线遭受侵蚀并向陆地后退是西方国家迄今为止最为关注的问题。应对的方案主要有 3 种：(1)放弃被侵蚀的滨海地区，在远离海岸的地方重新安置；(2)修建防海堤、丁坝等以护防海岸线；(3)运来泥沙建造人工海滩，将海岸线人为地向海洋方向拓展。这 3 个方案都花费高昂，而且后两种，即海岸固防和人工育滩还另有不足，即两者仅能应对小幅的海平面上升且只能暂时性的解决问题。此外，两者还有可能助长海岸开发，增大海岸的居住密度，令今后的灾难应对成本高涨、难度加大。

基础设施的战略性重置，如英国的“放弃方案”(听上去不大悦耳)，包括拆除或迁移道路、建筑以及其他基础设施和放弃所有基础设施任其被海水淹没两个方面。这个方案的成本根据相应的地方或国家法规有可能高昂也有可能低廉。如果政府责成私有业主自行承担在危险地区投资的风险，那么就不用花费多少纳税人的钱。

在英国诺福克郡的黑斯堡，重新安置耗资极低。比如这里的业主简·阿切尔在贷款时发现，由于自己的住房位于正被快速侵蚀的海崖边上，银行给出的评估价格仅为 1 英镑。相比之下，在缅因州埃利斯营美国政府为增建海防工事倒是愿意按房屋总价值全款买下所有海滨住宅(然而，即便已多次遭受风暴袭击，这里的业主们还是不愿意卖掉房屋另行搬迁)。

还有一些滨海前沿的业主们则坚决要求政府为自己的风险投资埋单。得克萨斯州的瑟夫赛德镇就是这样的例子。这里的海滩四处都是岩石、砖头和混凝土块，已被侵蚀的海岸线上残损的旧海防工事摇摇欲坠。而一些民房就建在这片高危海滩高潮线的向海一侧。在得克萨斯州，海滩作为国家公共场所是禁止修建私有住宅的。尽管如此，国家还是愿意花钱让业主们搬离海岸并另择安全地点重建家园。然而，有 14 名业主坚持要求政府为他们已被海水淹没的宅地买单，否则坚决不从现有住宅搬离。他们认为目前的困境是政府造成的，因为政府一开始并没有阻止他们在这里修建房屋。尽管在紧邻海岸线的地方修建房屋本身就是荒唐行为，但他们却理所当然地认为自己毫无过错。

人造海滩（又称人工育滩、海滩补沙或疏浚填充）是指采用机械或水力的办法调取泥沙以填补、恢复原有沙滩或造就新沙滩的工程措施。这种做法常见于西班牙、荷兰等比较发达的国家，在美国则多见于东部和墨西哥湾的堰洲岛，那里有 300 多个海滩已经历数次填补，包括佛罗里达州的迈阿密海滩、戴托纳海滩、杰克逊维尔海滩；南卡罗来纳州的希尔顿·海德岛海滩和美特尔海滩；马里兰州大洋城海滩以及新泽西州大洋城海滩等。填补复原这些海滩花费惊人，每英里 100 万到 1 000 万美元不等，但效果却只是暂时性的。在美国，绝大多数人造沙滩维持时间不足 5 年，因此，需要一次又一次的重复填补。北卡罗来纳州的卡罗来纳滩和赖茨维尔滩自 1965 年以来已被填补 20 次以上。许多人造沙滩毗邻水域的泥沙几乎已被抽取殆尽（特别是在北卡罗来纳州和佛罗里达州）。

由于泥沙开采和填充破坏近海生态系统，人造海滩的环境成本也非常高昂。抽取泥沙往往会对当地动植物造成伤害，而这些种群一般都恢复缓慢，无法再经受第二次泥沙抽取。另一方面，沙滩填充物的质量常常难以保证，填补后的海滩往往杂乱泥泞而且充满碎石和贝壳残渣，这使得原有的生态系统再生能力减弱很难恢复如前。在有近海珊瑚礁的地区（比如南佛罗里达州大部分地区），人工育滩则会给珊瑚、海绵、珊瑚鱼造成毁灭性打击。然而遗憾的是，人工育滩还总是把建筑保护放在优先的位置上，对生态系统的修复常常视而不见。

人造海滩只是一个短期解决方案。随着海平面上升，海水会带走越来越多的泥沙，沙滩的填补修复自然就会愈加频繁。这势必将增加海滩修复成本，甚至需要从更远的地方获取泥沙资源以填补缺口。这迟早会使经济和资源难以负荷。

人造海滩还有一个负面影响：带动海岸进一步开发。这为将来应对海平面上升制造了更大麻烦，因为从布满小屋的海岸撤离显然要比从布满 15 层高的公寓楼房撤离的成本更低，效率也更高。随着海平面上升，人们必然要从海滩某处开始后撤，在这个过程中，那些耸立在海滨前缘的公寓大楼和酒店将成为影响撤离的最大障碍。

北卡罗来纳州橡树岛质量低劣的人造海滩。建造这个海滩原本是为了方便海龟筑巢，但由于对附近泥沙采集地考察不足，采取的泥沙品质低劣，最终导致人工育滩计划失败。使用劣质泥沙充填海滩是全球性的问题，因为人工造滩的出发点往往是为了保护海岸上的建筑，而不是维系对旅游者、居民和海龟有利的海滩生态系统。【图片由安迪·科伯恩提供】

从长远来看，择地重迁是应对海平面上升在经济上最划算的办法。然而，沿海社区的居民很少给予认真考虑。择地重迁成本的高低由多重因素决定，但海岸开发的拥趸认为搬迁的费用远高于海滩维护。2007 年，美国海岸与海滩保护协会（ASBPA）的一篇通讯稿援引一项研究，声称将来特拉华州海岸社区若要撤离重迁，其成本将是海滩养护的4倍。这篇文章估算特拉华州未来50年用于海滩养护的花销约为600万美元。然而，若仔细查看该州支出，仅在2001—2007年的数年时间内海滩养护费用就已高达600万美元！

阿拉巴马州西多芬岛的沙崖。2005年卡特里娜飓风后，人们从后方的潟湖里抽取大量混杂着泥块和石子的泥沙堆填出这片大"沙丘"。然而短短数月它就崩塌了，这充分说明对海岸侵蚀要有足够了解才能有效维护海岸。今天，孩子们常常在沙崖下面玩耍，这十分危险，因为沙崖随时有进一步垮塌的可能。【图片由乔治·克洛泽提供】

美国海岸与海滩保护协会是全国最反对为海平面上升做好撤离准备的团体，其成员由海岸工程承包商、海岸开发商、沿海地区政客以及各种海岸商业利益攸关者构成。他们支持海岸开发，认为防止海岸线侵蚀才是关键。为此，他们四处游说以获取联邦以及各州纳税人的资金支持，试图赢得这场注定失败的与天之战。

这些支持海岸开发的人时时刻刻都在鼓吹海岸经济的重要性，认为其不仅可以提供就业机会还能刺激税收增长，放弃实在太可惜。然而，这样的经济如果要长期依靠纳税人支出才能维持，它又能高效、强大到哪里去呢？另一个被大肆鼓吹的神话就是开发滨海地区会使我们所有人受益。很多人喜欢海滨无非是因为它是休闲娱乐的好去处，所以海岸开发的支持者们认定在这里打造或完善海滨实施，所有人都将从中受益。他们想当然地认为，如果海岸线后退，他们就相应向后挪移这些建筑设施或者干脆放弃它们在附近另建，这样海滨休闲区依然可以保持下来并舒适如常，人们可以继续享受海滨的度假乐趣。但如此看来，纳税人用来“拯救”海滩的资金其实是用来拯救这些休闲娱乐设施了。

事实上，动用联邦资金来维持的海岸经济是一种伪经济。比如在一些堰洲岛，每隔几年岛上的基础设施就会被海水摧毁，如果不是靠政府出资而是靠岛上业主们自掏腰包重建或购买商业保险维系的话，岛上大多数海岸经济体立即就会土崩瓦解。

再来分析下北卡罗来纳州纳格斯海德的情况。这里有个由美国陆军工程兵团承建的人工育滩项目。在特拉华州，这样的项目按美国海岸与海滩保护协会估计，其花费只是撤离重迁的20%。而在纳格斯海德，情况恰恰相反。纳格斯海德在美国算得上是南部最早的海滨度假胜地之一，迄今为止这里已有数十栋海景别墅被海水蚀毁。按计划，这里将在50年内打造出一片长14英里(22.5千米)的人造海滩。由于这意味着每3年就要调取泥沙重新充填一次，其预算成本竟高达16亿美元(平均每英里超过1亿美元)。同时，政府还要买下这里所有将被海水淹没的物业，这将额外花费4亿美元。

2009年初，美国陆军工程兵团曾官方宣称要保护海岸物业，理由是择地重迁比人工育滩花费更加高昂。2005年卡特里娜飓风后，旨在“减轻海岸地区脆弱性”的密西西比海岸改造计划(MsCIP)就被提上日程。我们一直对其中部分举措(如人工育滩等)持有异议，但陆军工程兵团提出买断海岸物业并重迁公共基础设施的方案使该计划最终得以通过。

密西西比海岸改造计划的成本利益汇总就很能说明问题。“复原”海湾岛国家海滨公园未开发的堰洲岛预估成本4.77亿美元，而给大陆海岸线减少风暴损失带来的利益每年仅为1 760万美元。此外，花费联邦税收近5亿美元的这项改造甚至还维系不到30年(如果修复成功的话)。严格说来，修复堰洲岛能减少风暴潮危害的说法本身就缺乏科学依据。况且，把国家海滨公园当做风暴缓冲区并在此建造防护工事总归不是件令人痛快的事。

当然，这份计划也包含亮点，即高危区风险减降方案。其核心是购买最易受灾地区的约 2 000 个物业。该方案总花费很低，约 1.87 亿至 3.97 亿美元，而带来的效益很高，达到每年 2 200 万至 3 300 万美元。如此，6 年内成本就能收回，而效益有所保证且能长久维持，因为一旦这些风险房产被买断并撤除，就永远不会再有补建和维护的机会。相比之下，堰洲岛修复项目却不能永久保障岛上物业的安全，因为它无法从根本上解除风暴对物业的威胁。

在不少沿海地区，人们把建筑看得比海滩更重，他们普遍把建造“坚固的”海岸防御工事（防海堤、离岸堤、丁坝、防波堤等）视为应对海岸侵蚀的最佳办法。然而，海防工事是把双刃剑。相比人工育滩，它们短期内对建筑设施的保护确实更为有效，但却不可避免地对海滩造成破坏。随着时间推移，海滩会变得越来越窄甚至完全消失。另外，由于风浪受到防海堤阻挡反向拍回，这使得堤前海滩（或临滨滩）被冲击力削减得越来越陡，迎向波浪的基面也不断缩短。这样当波浪席卷而来时，因摩擦阻力减小，对海滩和防御工程造成的冲击就会加大。为应对这种局面，海防工事也不得不相应地进行扩建以增强抗性。在人类建造海防工事时间比较久的地区（如建堤已长达一个多世纪的美国新泽西州堰洲岛海岸线以及长达数世纪的英国林肯郡海岸），我们不难发现在防海堤年复一年地被加固、扩建的同时，其海滩也在加速消失的情形。在美国东南沿海地区，防海堤前的自然海滩预计将在 1 ~ 30 年内消失，而大多数靠人工填补的海滩则在 5 年内就会消失。

最近，美国 6 个沿海州——缅因州、罗德岛州、北卡罗来纳州、南卡罗来纳州、得克萨斯州和俄勒冈州已在明令禁止或至少是在强烈反对防海堤建造，这主要是因为人们已经意识到防海堤最终将导致堤前海滩消失从而给当地旅游经济造成沉重打击。另外，人们也意识到防海堤建造与人工育滩一样，在增加安全感的同时也催生了开发行为，这使得将来海平面上升时人们撤离海岸的难度加剧，成本加大。

丹麦的全球变暖怀疑论者比约恩·隆堡十分自信地认为本世纪海平面最多上升 1 英尺（0.3 米）。在他看来这根本就构不成威胁，因为“全球几乎所有国家都会建造规模宏大的海防工程，它们将无所不在”。他宣称“全球192个国家中有180多个国家”百分之百地会在其所有海岸线上建造海防工程。他口中的海防工程就是指防海堤。

隆堡认为贫穷国家的情形略有不同。以密克罗尼西亚这个由无数环礁岛屿构成的典型低地国家为例，他认为如果不修建任何海防工程，在海平面上升1英尺(0.3米)的情况下该国国土面积将会减少21%；如果建有海防工程，其国土面积仅减少0.18%。他声称，发达国家减少二氧化碳排放的行动将造成密克罗尼西亚经济增长减速，使该国无力负担海防工程建造费用。其观点归纳出来就是二氧化碳减排将导致该国损失更多国土面积。这真是个令人匪夷所思的结论。

日本东京南部一处海滨度假胜地：巨大的四脚混凝土块堆积在海岸线上。在日本，海岸带管理优先考虑的不是保护海滩而是防止土地损失。【图片由杰斯·沃克提供】

隆堡的上述观点在多个方面都站不住脚。首先，二氧化碳减排将给密克罗尼西亚带来经济灾难这个说法是基于假设，缺乏依据。其次，本世纪海平面上升1英尺(0.3米)的预测过于保守，很多证据已明确指出上升幅度将远超这个数字。再次，密克罗尼西亚即使在发达国家不减排的情况下，也完全没有经济能力在其全部海岸线上修筑防海堤。此外，未来南极冰盖消融造成影响的大小还要取决于各沿海地区的具体地貌，减排二氧化碳是否就能减缓各地海平面上升的趋势还不明确。隆堡认为绝大多数国家都将全线“武装”其海岸线的观点是不切实际的幻想。

然而，全线修筑海防工事来应对海平面上升的设想不仅仅只有隆堡一个支持者。2007 年 9 月在巴厘岛举办的联合国气候变化大会就曾动议富裕的发达国家大力支持发展中国家修建防海堤，就像日本政府帮助马尔代夫在其首都周围修建防海堤一样。

巴厘岛这个提议颇具讽刺意味，因为发展中国家当前应对海岸侵蚀的方法远比发达国家靠谱。在沿海很多地区，一旦灾害来临，当地居民就将住宅向后搬迁，这个方法不但灵活高效，成本也非常低廉。正如前面介绍过的，在尼日尔河三角洲和哥伦比亚西海岸的堰洲岛，当地房屋的设计都十分简易而且能快速拆卸、装运和组装。这些没有足够资金采取其他应对措施的发展中国家在防灾减灾的效率方面给发达国家上了生动的一课！

放眼全球，在修建防海堤的问题上还有别的一些考虑。比如在太平洋环礁岛、孟加拉沿海地区以及巴哈马群岛，即使防海堤能成功抵御海浪冲击，但随着海平面上升，当地淡水资源会逐渐盐碱化，居民最终还是会因生存条件恶劣而不得不搬离。

另一个典型例子就是新奥尔良。2005 年飓风卡特里娜掀起的风暴潮一度漫过这里的防海堤(大型风暴潮的必然后果)，导致整个被防海堤圈围起来的社区变成一个集聚洪流的水塘。而在得克萨斯州加尔维斯顿，2008 年飓风艾克引发的潮涌高度超过堰洲岛上高达 17 英尺(5.2 米)的超大型防海堤，海水源源不断地越过防海堤四下蔓延，在受到防海堤阻挡后大部分汇向堤内低洼的海湾一端，并由此疯狂地涌向市区，致使当地恶浪滔天，洪水泛滥。

在美国东南部，从长岛以南至墨西哥边境绵延着总长达 3 200 英里(5 150 千米)的堰洲岛岛链，这些岛屿正以每年 1 ~5 英尺(0.3 ~1.5 米)的速度被逐渐上涨的海水所侵蚀。这条岛链的一半以上位于佛罗里达州境内，而该州还没有做好起码的防护工作。美国第二长的堰洲岛岛链位于北卡罗来纳州，海岸线总长 300 英里(480 千米)，其中有 135 英里(220 千米)已被开发使用。如果要保护它们不受海平面上升的影响，所有岛屿的每一侧都必须修筑防海堤。此外，堰洲岛后方数千英里的河口、海湾和潟湖海岸线也必须筑堤保护。但问题是，我们有资金有能力办到这一切吗？还有无数诸如密西西比河三角洲的低洼沿海地区，我们又该怎么办？

哥伦比亚太平洋沿岸索尔达多岛：正在搬迁的民舍。拍摄这帧照片的时候，由于海岛沉降海平面上升速度相对加快，海岸线正以每月 3 英尺(0.9 米)的速度后退。这里的民居多采用面板搭建，面板很轻，用手就可以扛起整个房屋。图中房屋内可见这样的面板。【图片由比尔·尼尔提供】

随着海平面上升，如果我们想要通过修建防海堤来守住海岸线的话，那么防海堤的总长度将会相当惊人。美国大陆各州海岸线加上海湾和外海海岸线，估计总长达到 54 500 英里(87 700 千米)。如果再算上阿拉斯加和夏威夷，全国海岸线总长将达 89 500 英里(144 000 千米)。

地方不同，防海堤的维护成本也会有所不同。大型防海堤，如得克萨斯州加尔维斯顿于 1910 年完工的外海海岸线防海堤，其维护成本每英尺超过 1 万美元。加利福尼亚州大洋海滩的奥肖内西防海堤每英尺维护费用为 5 500 美元。一些小型防海堤或防海墙虽无法阻挡大的风暴潮，但抱着适度阻止海岸线后退的目的对它们进行维护，费用也达到每英尺 300 ~ 1 000 美元。

如果按外海海岸线每英尺5 000美元，堰洲岛海湾沿线每英尺2 500美元，河口海岸线每英尺500美元的价格在佛罗里达州修建防海堤的话（这里绝大多数海岸线布满高楼大厦），仅堰洲岛地区就要花费500亿美元，河口地区也要耗资300亿美元。如果换成加利福尼亚州（这里海岸线上的建筑以独栋私宅和小型公寓楼为主），仅在堰洲岛的开发区修建防海堤，花费就达50亿美元；由于该州河口海岸线较长，建堤成本略高，支出将达到90亿美元。以上数字仅是粗略估算，实情估计相差不大。

防海堤修建将使海岸侵蚀的情况进一步复杂化：只要是在沙质海岸，防海堤两侧的海岸线都会继续退化，而两侧不同的侵蚀速度将在随后数十年使防护区逐渐变成海岬，孤零零地突出在海中，更易遭受狂风大浪的冲击和破坏。

各地应对举措

纵观全球，人们已逐渐意识到海平面上升的时代正在来临。但迄今为止，美国为此所做的努力远不及其他许多国家，即使后者也只做了一些初步的应对方案。2008年，美国环保署（EPA）发布一份文件，旨在启动国家级别的针对海平面上升的应对方案。然而，文件阐述的终极目标模棱两可：既要应对海平面上升危机，又要保证经济稳定繁荣。保持沿海经济繁荣并无不妥，但有时候鱼与熊掌不可兼得。这份文件目标不明确，实际指导意义也就大打折扣。应对海平面上升虽然在设施搬迁和安置重建方面会创造就业，但它必然也要求沿海业主、当地政府甚至全社会在经济方面做出相应牺牲。

海平面上升给美国社会发展造成的主要影响最初将发生在堰洲岛海岸沿线，随后进一步扩展到大陆沿海城市。一系列城市问题，特别是洪涝排水和污水处理，终将成为比保护海岸社区更加紧迫更亟待解决的优先问题。当人口中心真正面临威胁，人们被迫开始修建堤坝，搬迁港口和其他基础设施时，优先保护海滨小型社区的民意取向就会下降，其结果就是在今后数十年的时间里，许多海岛旅游社区将被放弃，为海滨旅游社区大修防海堤的行为也将终止。

今天，美国应对海平面上升所采取的行动比较零散，多数还只是停留在地方层面上。在华盛顿州奥林匹亚，市政大厅的选址问题曾一度引发争论。持反对意见的人认为将市政大厅建在普吉特海湾低洼地带的方案十分不妥，因为数十年后这里肯定会被海水淹没。在激烈的反对声中，市政大厅的地址最终改在海拔较高的地方。在加利福尼亚州的圣巴巴拉，一个市民团体提议在海拔 23 英尺(7 米)的地方围绕城市标画出一条蓝线以警示海平面上升可能导致的最坏情况(以格陵兰冰盖消融为假设前提)，但遭到投票者否决。在南卡罗来纳州的查尔斯顿，市长约瑟夫·赖利指出由于海平面上升，该市的雨水疏导系统必须尽快升级更新。

在美国所有沿海地区中，佛罗里达州(简称"佛州")最容易因海平面上升而受灾，但其采取的应对措施却最少。在未来数十年里，该州势必将多次遭遇强飓风；而且由于全球变暖，风暴影响也会变本加厉；此外，佛州海岸线开发稠密，高楼大厦绵延数百英里。然而遗憾的是，佛州迄今为止还没有制订海岸撤离计划。2006 年，保险公司在海岸物业承保业务方面就打起退堂鼓，但是州政府非但没有借机减缓风险性海岸开发，反而贸然决定由政府接手债务资金，完全没考虑数次飓风就会把财政拖垮的可能性。2009 年初，在佛罗里达州监管机构否决提升风险利率的请求后，州立农业保险公司也彻底退出当地的财产承保业务。由于海平面上升不可逆转，沿海各州都应慎重考虑应对方案并将其纳入海岸带的长效管理机制，但佛州除了日复一日地修建防海堤就是斥巨资进行人工育滩，这实际上是变相地鼓励了更多人来此居住，加大了今后应对风暴灾害的难度，也增加了灾害后果的严重性。

佛罗里达州的海岸工程师们往往将当地海岸侵蚀归咎于不合格的海岸工程而非海平面上升，理由是前者中断了泥沙往海滩的自然输送。另外，海岸工程咨询公司也要靠海滩养护工程赚钱，所以它们也倡导海岸工程而不支持搬迁撤离。从纯几何学的角度来看，佛罗里达州地势过于低平。在海平面上升的威胁下，它势必成为全国最濒危的州(迈阿密则成为最濒危的城市)。纵然如此，佛州海岸线还在不断开发，高楼大厦的修建仍然此起彼伏。

灯塔是大海的哨兵。由于海岸不断被侵蚀，它们相继跌入大海。灯塔总是修建在距离海洋最近的地方，它们的遭遇可以算是信号，提醒我们海平面上升将给人类带来的灾难。

在英国普利茅斯，因民间传说和歌谣而广为人知的爱德斯通灯塔(Eddystone light)在1696—1882年间经历了5次重建成了今天的样子。每次重建不是因为大火焚烧就是风暴破坏。著名建筑家亨利·温斯坦利，第一个爱德斯通灯塔的设计者，一度对自己的作品非常自负，认为其坚不可摧。而1703年大风暴袭来，灯塔尽毁。当时这位建筑家正在灯塔内进行修补作业，他和他设计的灯塔一起消失在茫茫大海中。

海平面上升和海岸侵蚀毁掉的灯塔还有：佛罗里达州的庞塞·德莱昂灯塔，毁于1835年；罗德岛州布鲁克岛桑迪角灯塔经历数次重建，相继毁于1830—1850年；马萨诸塞州查塔姆的双子塔，分别毁于1879年和1888年；特拉华州亨洛彭角灯塔，毁于1926年；新泽西州长滩岛的塔克海滩灯塔，毁于1927年。新泽西州五月岬的灯塔反复被风暴摧毁，现今已是重建的第三座。只有南卡罗来纳州莫里斯岛灯塔是个例外：由于海岸后退，这座灯塔现已远离海岸1 600英尺(500米)，虽然被海水从四面包围，但仍然屹立不倒，这实在让人震惊。

佛罗里达州西海岸高楼林立。图中有两处楼房仍在建设中。这些高楼坐落在正被侵蚀的海滩上。这样的选址不仅是对生命、财产的漠视，而且降低了应对海面上升危机的灵活性。【图片由美国国家海洋和大气局提供】

莫里斯岛原来还有一座灯塔，但在南北战争期间北方军炮轰瓦格纳要塞时(1863 年)被夷为平地(电影《光荣战役》最后几个镜头重现了这一幕)。现今这座灯塔完工于1876 年，原来是建在海岸线后方 1 600 英尺(500 米)处的陆地上，现在却远离海岸线 1 600 英尺，以 2 ~ 3 度微倾的姿态伫立在大海之中。该灯塔地基深度据说不小于 35 英尺(11 米)，这大概就是它虽处外海浅水区域却还未倒塌的原因。

哈特拉斯角灯塔的传奇经历可以折射人类社会将来面对海平面上升威胁时的窘状。该灯塔同样建在海岸线后方 1 600 英尺(500 米)处，但其地基仅 6 英尺(2 米)深，略高于海平面。这意味着只要海岸线后退至其所处位置，它就可能因地基被侵蚀破坏而轰然倒塌。这座有黑白螺旋条纹的灯塔是在原址上修建的第二座灯塔。从 1880 年首次亮灯导航起直到 20 世纪中期，它一直是北卡罗来纳州的地标。1980 年一场风暴潮袭来，狂涛恶浪中灯塔摇摇欲坠几欲垮塌。国家公园管理局急中生智，将附近的停车场敲碎拆分垒成临时堤坝，才抵挡住巨浪对灯塔的冲击。1999 年夏天，由于海岸不断侵蚀后退，灯塔被迫向后搬移到距离海岸线 2 000 英尺(600 米)的地方。

哈特拉斯角灯塔在 1980 年遭遇的这场危机给同样面临海岸侵蚀问题的其他沿海社区敲响了警钟。这座灯塔搬迁与否曾引发当地几近 20 年的争论。人们估计，即使有钢筋大坝和大型沙袋防波堤“保护”，灯塔还是极有可能在下一次大风暴中垮塌。海平面上升导致海岸侵蚀的情况几乎不可逆转。由于海洋上升与扩张，全球几乎所有堰洲岛的两侧海岸都同时受到海水侵蚀而后退。北卡罗来纳州的外滩群岛正是如此，由于海岸后退速度加快(每年数英尺)，它们正变得越来越窄。人们在哈特拉斯角尝试过人工育滩，但几乎没起到什么作用。国家公园管理局也否决了修建大型防海堤的建议，而是采取了最近实行的因势利导、顺其自然的策略。

在哈特拉斯角当地，尽管灯塔在海岸边摇摇欲坠，还是有不少居民强烈反对搬迁。“如果搬走灯塔，我们将成为海岸地区的笑柄”，这是他们常常挂在嘴边的一句话。许多专家被找来支持他们的观点：有的认为一旦移动灯塔就会四分五裂；还有的认为灯塔留在原地并不一定就会被海洋吞噬。当地政客们也拒绝向联邦政府申请搬迁经费。支持搬迁的人受到各种排斥，从事搬迁业务的从业人员可能还会受到暴力威胁。

灯塔搬迁受阻主要源自当地政客们的担忧：这个举动会引起世界对海岸侵蚀的关注，从而影响当地房产的销售。还有一些人出于这样的担忧：搬迁的做法一旦开了头便会成为常态，并最终影响当地海岸开发——我们倒希望事情真如此发展。事实上灯塔搬迁的确引起了国际关注，但是当地房产的销售，特别是沿海房产的销售，仍然一如既往的如火如荼。

最终，灯塔搬迁的阻力被美国国家工程院和国家科学院牵头的专家联合论证会所瓦解。会议给出的结论是：如果要保住这座灯塔，就必须将其从海滨移走；另外，整体搬迁有现成的技术支持，不会对灯塔造成损伤。支持者成了这场长达20年争论的最后赢家。

不同国家应对海洋扩张的方法各有不同。西班牙在过去几十年里大力开发海岸，成为欧洲之最，造成的后果就是其海岸污染严重且污秽不堪。这里有273个新开发的海滨小镇没有污水处理系统，近400万居民生活在污秽的环境里。2007年，西班牙政府直接取缔了365处海滩浴场的经营许可权，不再在海滩清洁上花费精力和财力。但数十个新码头又相继涌现，各种非法勾当盛行，海岸地带已俨然成为黑手党、毒贩和洗钱者的天堂。

2008年，西班牙新一任社会党政府宣布实施1988年出台的《海岸法》。该法案规定西班牙3 100英里(5 000千米)的海岸线上距海328英尺(100米)之内禁止修建任何私宅。这个极端举措背后的主要考量是海平面上升势必会造成海岸侵蚀加剧。政府比较保守的估计是到2050年，地中海海岸线将后退60英尺(18米)。为此，政府将斥资70亿美元购买房产、迁移居民，并清除违章建筑以及1988年以后建造的房屋。这个法案的执行将影响沿海约50万人口。从本国内政上来讲，这个极端举措并不如想象的那么难于实施，因为许多被拆除房屋的所有人为没有投票选举权的外国人，且多数是来自富裕国家英国和德国的退休人员。

南澳大利亚的约克半岛坐落在西部的斯宾塞湾和东部的圣文森特湾之间，这个地方在人类应对海平面上升的故事中具有里程碑意义。乐斯斯盖普房产公司曾计划在半岛西南端马里恩湾海岸线附近20英亩的土地上建造

80 栋房屋。而按照南澳洲沿海开发的相关规定，海岸建筑必须与海岸线保持一定距离以确保其在 100 年的使用期内不会受到海岸侵蚀的影响。此外，南澳洲在海岸线上还划出宽 165 英尺（50 米）的保留区以供公众休闲和生态保护之用。显然，乐斯斯盖普房产公司的开发项目不符合上述相关规定。约克半岛地方议会在听取数位专家的意见后也认为，未来 50 年海平面极有可能上升 1 英尺（0.3 米），同期海岸线会后退 115 ~ 130 英尺（35 ~ 40 米）并将紧邻房产开发区向海一侧的外缘。南澳洲最高法院最后支持了政府主张，认同海平面上升是限制沿海房产开发的合理依据。这种判决在澳大利亚是第一次，在全世界也可能是第一次。

在英国，为方便管理，英格兰和威尔士的海岸地带根据地质状况（沉积单位）被划分为 11 个独立于行政区划的专门区域。每个区域针对自己的地质状况都有相应的海岸管理办法。当地居民已普遍接受海岸侵蚀不可逆转以及部分沿海村庄将来会被海洋吞噬的事实。

在英国东英吉利地区，专家们建议放弃面积约 25 平方英里（65 平方千米）地势低平的诺福克“湖区”以及诺福克县的 6 座村庄和 5 个小湖。英国环境局局长芭芭拉·扬介绍说，土地盐碱化和不断增长的风暴潜在危害将会破坏当地海岸线，导致低平地区洪水泛滥甚至衍生出新的海湾。海岸专家们普遍认为随着海平面不断上升，防海堤将无法保住海岸线。然而这个地区不少村庄都始于中世纪以前，拥有悠久的历史和珍贵丰富的古建筑和古桥梁，因此，搬迁对当地居民和政府而言都将是十分艰难的抉择。但现实的残酷也毋庸置疑，这个地区长久以来都备受洪涝灾害的折磨。据记载，1287 年风暴潮引发的洪水就夺走希克林村大约 200 人的性命。今天，在湖区以北数英里处的奥弗斯特兰，一座拥有 135 栋房屋和数家公司的村庄，也即将在本世纪内被不断高涨的海水淹没。事实上，早在 1662 年的一次大风暴后，政府就建议放弃这个地区，但遭到当地居民强烈反对。最终，2 000 名男性居民被强征去修建防海沙堤以保护该地。但今天，无论怎么修筑堤坝也难以改变当地被海水淹没的命运。

泰晤士河防潮闸是英国为防洪而在伦敦郊区修建的一个重要防护工程，其主要任务是阻拦溯河而上的风暴潮以保护伦敦城价值 1600 亿美元的建筑和基础设施。自 1982 年投入运营以来，其闸门已经关闭过 108 次。泰晤士河防潮闸设计于 20 世纪 70 年代，今天当地海平面上升速度已是那时的两倍而且还有可能进一步加快。如果海平面保持适度上升，防潮闸闸门可以使用到 2082 年；如果海平面上升速度急剧加快，闸门最多只能使用到 2020 年。目前，新的设计方案正在酝酿中。

荷兰，海防工事建造的佼佼者，在最近几年修建了多个类似泰晤士河防潮闸的水闸工程以保护海岸安全，最为壮观的两个分别位于鹿特丹和东斯海尔德(Eastern Schelde)。然而遗憾的是，横跨东斯海尔德的防潮闸当初在设计时没有考虑到海平面上升的因素。该防潮闸一旦无法抵御高涨的风暴潮，潮水将冲进东斯海尔德河支流的河谷，淹没这里一大片经济发达地区。实际上，海平面上升只要达到 3 英尺(0.9 米)，现今世上的任何防潮闸工程都将无济于事。

讨论回顾

这里我们将对书中主要观点和建议进行归纳和总结。面对海平面上升带来的威胁，我们是时候采取积极的应对措施了。

导致海平面上升的主要原因在不断变化。导致海洋体积发生变化(全球性海平面变化)的各种主要因素在本世纪和 20 世纪发挥的作用有所不同。根据政府间气候变化专门委员会的报告，20 世纪导致全球海平面变化的主要因素按重要性由大到小排列如下：

- 海洋热膨胀；
- 高山冰川融化；
- 格陵兰冰盖消融。

在 21 世纪，根据不同来源的数据显示，冰川融水是海洋体积增加的最大原因。而西南极冰盖正是冰川融水的主要来源。如此，西南极冰盖消融极有可能取代海洋热膨胀成为本世纪全球海平面上升的最大原因。以上列表将变化如下：

- 西南极冰盖消融；

- 格陵兰冰盖消融；
- 海洋热膨胀；
- 高山冰川融化。

从短期来看，二氧化碳减排阻止不了海平面上升。许多科研人员都指出全球变暖与海平面上升来势汹汹，即使我们减少二氧化碳在大气中的排放，海平面上升的势头也不会明显放缓。比如，南极冰架在全球变暖的趋势下已呈崩解之势，即使大气中二氧化碳含量有所下降，冰川融水依然可能导致海水上涨。我们必须要有这样的心理准备——海平面快速上升的情况会持续很长一段时间。但尽管如此，不可否认减少二氧化碳排放从长远来看对减缓海平面上升是有帮助的。

海平面上升导致海岸危机。如果说海平面上升只是造成洪涝灾害那就大错特错了。在沿海地区洪泛之前，风暴潮、风暴浪、海岸侵蚀、地下水盐碱化以及基础设施被破坏的情况都会随海平面上升而加剧并导致海岸线加速后退，使沿海地区陷入更大危机。目前一些标示海岸濒危点的地图过于简单，它们仅仅绘制出那些将被一定速度上升的海洋慢慢“淹没”的地区，没有切实考虑到海平面上升对海岸影响的复杂性以及造成的各种潜在破坏。对于这样的地图，我们应当保持适度警觉。

按截止到2100年海平面至少上升7英尺(2米)的假设来设计应对方案。7英尺，这不是预测而是推荐参考的数值，它极有可能成为现实。如果一旦成真，沿海地区将遭受毁灭性打击。在一些沿海地区，当地政府如果无法对海岸地带的管理进行更长远的规划，我们建议按50~100年内海平面至少上升3英尺(0.9米)的保守估值来设计应对方案。

3英尺(0.9米)的海面升幅即便不会给大多数沿海地区造成毁灭性打击，至少会给堰洲岛带来灭顶之灾。在海平面上升3英尺(0.9米)的情况下，要想守住海岸线并保住整个沙质岛屿，无论从经济、环境还是海洋学的角度来看都是不可能完成的任务。

立刻终止在容易受到海平面上升影响的地区建造高层楼房。沿海地区的任何规划和建设都必须以避免或尽量减少海洋扩张造成的危害为前提。首先，这意味着靠近海滨的地区不能再建造高楼。其次，如果不得不在濒危海滨建造的房屋，那么这些建筑物应当具有体积小、可移动或可任随处置的特点。

房屋和基础设施搬迁应作为应对海平面上升的主导方针。与其对海岸线上的桥梁、供水系统、下水道和排水系统等基础设施进行大修，不如退后几英里将它们建造在不受海平面上升影响的地方。因此，我们的具体建议是，新修的下水道和水管要规划在未来至少50年内不受海面上升威胁的区域。实施海岸房屋搬迁计划要把握好时机，强暴风天气后应积极动员异地重建并予以适当的财政扶持。

停止对海滨重建的财政支持。政府应理性应对海平面上升的威胁，停止对海滨重建项目拨款。一直以来暴风和洪水过后，政府就会出资帮助灾区“复原”。在美国，飓风后修复工作已成为沿海城区的常规项目。海滨重建的房屋越来越大，灾后修复的成本也更加高昂。以租赁为目的的投资性房产受灾后也享受同等资助，加重了地方财政负担。那些不听劝阻坚持要在受侵蚀海岸线上修建房屋的人受灾是咎由自取，不应该被当作普通受灾群众而享受政府补贴。

在美国，潜在的问题还有《斯塔福法》。这项于1988年在国会获得通过的法案规定，总统一旦认定并宣布灾难，联邦和地方的相关机构就可以启用公共资金对基础设施进行修复重建。这种自启的应急机制是盲目的，因为无需环境影响评估，联邦资金就可以使用在部分本来禁止投入公共资金的海岸地区。那些坚持要在脆弱海岸地区投资建房的人理应为自己的决定买单。如果坚持要留在这里，自然就应当自负风险。

不能仅仅向海岸工程师寻求海岸侵蚀的解决方案。如果向海岸工程师咨询应对海岸侵蚀的办法，那么获得的就是建造海岸工程的建议（如修建防海堤、丁坝或填补海滩等）。海岸工程师是在销售方案，他们不大可能提出搬离海岸的建议，这无疑会自断财路。目前人工育滩是他们最为推崇的应对方案，其成本也在逐渐攀升。可以预计的是，随着海平面上升人工育滩会愈加频繁，需要的泥沙数量也会越来越多。在大多数海岸地区，泥沙资源根本不足以支撑到21世纪的后半期。就这种情况来看，撤离搬迁应该很快就会成为这些地区最理性的选择。在寻求应对全球海平面上升和海岸侵蚀的方案时，沿海地区应该扩大专家咨询范围以获得更全面、更合理的建议。

不让工程兵团插手海岸事务。在应对海平面上升的问题上，美国陆军工程兵团或多或少是国家默认负责建设规划和资金管理的政府机构，但事实上它无法胜任这个工作。长久以来，它因能力不过硬、建设成本高昂以及效率低下而广受诟病。许多批评者指出，这很大程度上是它不愁资金，因为它总能获取国会的政治分肥拨款。工程兵团常常挂在嘴边的一句口号是“我们能修复”，这恰恰是导致当前不能理性应对海平面上升危机的错误思想（该机构的座右铭是“Essayons”，这个法语单词的意思是“让我们尽力一试”）。如果这个机构还要继续插手海岸防灾减灾的各项事务，那么它需要从根本上进行改变甚至重组。

国家从地方政府手中接过应对海岸危机的指挥棒。海平面上升带来的问题关系到全球和国家利益而不仅仅是地方利益。沿海城镇的地方政府需要考虑海岸业主和开发商利益（这是可理解的），所以对其物业的保护不可避免地放在优先位置。这也是每每出现房产还是海滩哪个更重要的争论时，支持房产的一方总会胜出的原因。许多沿海旅游地区的投票权被全年居住于此的当地居民所掌控，他们人数不多，靠海岸旅游环境谋生，为成千上万来此消暑度假但不具有地方投票表决权的游客提供服务。在西班牙，海岸旅游区的房屋基本上为不具备投票权的外国人所持有。但要指出的是，海平面上升是整个西班牙要应对的危机，涉及全球和国家利益，不能简单地只考虑那些不明智地将房屋建在受侵蚀海岸线附近低地上的少数业主或居民的利益。此外，应对海面上升危机所需的各种资源需要从国家层面来调集，远非地方社区能够独自解决。

海平面上升将威胁海岸生态系统。人类活动目前正在直接破坏沿海湿地、红树林和珊瑚礁，人类给海岸生态环境造成的破坏远比海平面上升要大得多。如果我们不立即行动起来采取积极的保护措施，那么海平面上升和人类开发活动的共同作用将彻底摧毁这些重要的海岸生态系统。

海平面上升对全体人类来说既是机遇又是挑战。海平面上升不一定是可怕的自然灾害。它让人类有机会去思考如何与自然和谐共处，如何评估未来的变化以及如何妥善应对变化让海岸得到保护以使我们的后代子孙能够同样享受它的美妙。对于科学家、城市规划师、环保人士、政治家以及普通市民等而言，海平面上升也意味着巨大的挑战。它要求人们尽其所能地发挥想象力，灵活机动、高瞻远瞩地去应对人类社会前所未有的发展危机。如何与上升之海共处？那些已在思考或已想出新点子的企业一定会发现机遇比比皆是。

科学告诉我们，100 年后全球海岸线将大有不同。种种变化虽不至于让我们终结海岸经济，但我们应当明白保护海岸资源以及与其息息相关的海岸经济需要进行深刻的思考和长远的计划。未来海平面上升将带来许多无法预知的问题，为此，我们应当就可能采取的应对措施进行诚实的评估以确保未来的海岸社区能像今天一样富有生机与活力。

参考文献

第一章

Barnett, J. , 2001, Adapting to climate change in Pacific Island countries: The problem of uncertainty: World Development, v29, P977 –93.

Connell, J. , 2001, An atoll state in peril: Tiempo, Issue 42, December-More detailed article in Journal of Pacific Studies, 199, v22, p1.

Connell, J. & Conway, D. , 2000, Migration and remittances in island micro-states: International Journal of Urban Regional Research, v24, p52 –78.

Cronin, W. B. , 2005, The disappearing islands of the Chesapeake: The Johns Hopkins University Press. p 372.

Deltawerken online: http: //www, deltaworks. org.

Dickinson, W. R. , 2009, Atoll living: How long already and until when: GSA Today, vI9, p4 –10.

Harris, J. , 2002, Turning the tide: Smithsonian Magazine, v33, p76 –88.

Kolbert, E. , 2006, Field notes from a catastrophe: Man, nature, and climate change: Bloomsbury USA, p225.

Mason, O. K. , 1996, Geological and anthropological considerations in relocating Shishmaref, Alaska: Alaska Department of Geological and Geophysical Surveys Report of Investigations 96 –7, p18.

Pilkey, O. H. & Dixon, K. L. , 1996, The Corps and the shore: Island Press, p272.

Proshutinsky, A. , Parlov, V. , & Bourke, R. H. , 2001, Sea level rise in the Arctic Ocean: Geophysical Research Letters, v28, p2237 –40.

U. S. Army Corps of Engineers, 2004, Shishmaref relocation and collocation study: Alaska District, P75 plus appendices.

第二章

Broecker, W. C. & Kunzig, R. , 2008, Fixing climate: Hill and Wang, p253 Imbrie, J. and Imbrie, K. P. , 2005, Ice ages: Solving the mystery: Harvard University Press, p224.

IPCC, 2007, Climate Change 2007: The Physical Science Basis: Contributions of Working Group I, Fourth Assessment Report: Cambridge University Press, p989.

IPCC, 2007, Climate Change 2007: Summary for Policy Makers: Synthesis of the Fourth Assessment Report, http://www.ipcc.ch/pdf/assessment-report/ar4/wg1/ar4-wg1-spm.pdf, p23.

Milliman, J. D. & Haq, B. U. (eds), 1996, Sea-level rise and coastal subsidence: Causes, consequences, and strategies: Kluwer, p369.

Pietrafesa, L. J. , Xie, L. , & Dickey, D. A. , 2005, On sea level variability on the Eastern Seaboard of the United States: Conference Proceedings – Solutions to Coastal Disasters 2005, American Society of Civil Engineers, p42 – 51.

第三章

Baker, V. , 1994, Geomorphological understanding of floods: Geomorphology, v10, P139 – 56.

Bindschalder, R. A. & Bentley, C. R. , 2002, On thin ice: Scientific American, v287, p98 – 105.

Bruun, P. , 1954, Coast erosion and development of beach profiles: U. S. Army Corps of Engineers, Beach Erosion Board, Technical Memorandum, v44, p82.

Bruun, P. , 1962, Sea level rise as a cause of shore erosion: Proceedings of the American Society of Civil Engineers: Journal of the Waterways and Harbor Division, v88, p117 – 30.

Chen, J. L. , Wilson, C. R. , & Tapley, B. D. , 2006, Satellite gravity measurements confirm accelerated melting of Greenland ice sheet: Science, v314, P1958 – 60.

Cooper, J. A. G. & Pilkey, O. H. , 2004, Sea level rise and shoreline retreat: Time to abandon the Bruun Rule: Global and Planetary Change, v43, P157 – 71.

Haft, P. K. , 1996, Limitations of predictive modeling in geomorphology: In B. L. Rhoads & C. E. Thorn (eds), The scientific nature of geomorphology: John Wiley, P337 – 58.

IPCC, 2001, Climate Change 2001: The Physical Science Basis: Contribution of Working Group Ⅰ, Third Assessment Report, Cambridge University Press, p881.

IPCC, 2007, Climate Change 2007: The Physical Science Basis: Contributions of Working Group Ⅰ, Fourth Assessment Report: Cambridge University Press, p989.

IPCC, 2007, Climate Change 2007: Impacts, Adaptation and Vulnerability: Contributions of Working Group Ⅱ, Fourth Assessment Report: Cambridge University Press, P939.

Jasanoff, S., 2007, Technologies of humility: Nature, v450, p30.

Koutsoyiannis, D., Efstratiadis, A., Mamassis, N., & Christofides, A., 2008, On the credibility of climate predictions: Hydrological Sciences Journal, v53, p671 – 84.

Kriegler, E., Hall, J. W., Held, H., Dawson, R., & Schellnhuber, H. J., 2009, Imprecise probability assessment of tipping points in the climate system: Proceedings of the National Academy of Sciences [doi: 10. 1073/]pnas. 0809117106].

Liu, J., et al., 2007, Complexity of coupled human and natural systems: Science, v317, p1513 – 16.

Oreskes, N. K., 1998, Evaluation (not validation) of quantitative models: Environmental Health Perspectives, v106, P1453 – 60.

Pearce, Fred, 2008, Are climate scientists overstating their models? An interview with physicist Lenny Smith: New Scientist Magazine, Issue 2685, p42 – 43.

Pilkey, O. H. & Pilkey-Jarvis, L., 2007, Useless arithmetic: Why environmental scientists can't predict the future: Columbia University Press, p230.

Rahmstorf, S., et al., 2007, Recent climate observations compared to projections: Science, v316, p709.

Rahmstorf, S., 2007, A semi-empirical approach to projecting future sea level rise: Science, v315, p368 – 70.

Sayes, S. & Pye, K., 2007, Implications of sea level rise from coastal dune habitat conservation in Wales, UK: Journal of Coastal Conservation, vII, p31 – 52.

Science and Technology Committee, 2008, Statement on Sea Level Rise in the Coming Century Report. Miami Dade County Climate Change Task Force, January 17, 2008, P9.

第四章

Chen, J. L., Wilson, C. R., & Tapley, B. D., 2006, Satellite gravity measurements confirm accelerated melting of Greenland ice sheet: Science, v313, no. 5795, P1958 – 60.

Davis, C., et al., 2005, Snowfall-driven growth in East Antarctic ice sheet mitigates recent sea level rise: Science, v308, p1898 – 1901.

Dyurgerov, M. B. & Meier, M. F. (2000), Twentieth-century climate change: Evidence from small glaciers: Proceedings of the National Academy of Sciences, v97, p1406 – 11.

Goldstein, R. M., Englehardt, H., Barclay, K., & Frolich, R. M., 1993, Satellite radar interferometry for monitoring ice sheet motion: Application to an Antarctic ice stream: Science, v262, p1525 – 30.

Grinsted, A., et al., 2009, Sea level rise of one meter within 100 years: Science Daily, January 12, 2009 Joughin, I., Abdalati, W., & Fahnestock, M., 2004, Large fluctuations in speed on Greenland's Jacobshavn Isbrae glacier: Nature, v432, p608 – 10.

Krabill, W., et al., 1999, Rapid thinning of parts of the southern Greenland ice sheet: Science, v283, p1522 – 24.

Molnia, B., 2008, Glacier and landscape change in response to changing climate: U. S. Geological Survey, www. usgs. gov/global-change/glaciers Molnia, B., 2008, Glaciers of Alaska: In R. S. Williams & J. G. Ferrigno (eds), Satellite image atlas of glaciers of the world: U. S. Geological Survey Professional Paper 1386K, 525P.

Oppenheimer, M., 1998, Global warming and the stability of the West Antarctic ice sheet: Nature, v393, 28 May, p325 – 32.

Rignot, Eric, et al., 2004, Accelerated ice discharge from the Antarctic Pen-insula following the collapse of Larsen B Ice Shelf: Geophysical Research Letters, v31, L18401 [doi: 10. 1029/2004GL020697] Rignot, E. & Kanagaratnam, P., 2006, Changes in the velocity structure of the Greenland ice sheet: Science, v311, p986 – 90 [doi: 10. 1126/science. 1121381].

Rignot, E., et al., 2008, Recent Antarctic ice mass loss from radar inter-ferometry and regional climate modelling: Nature Geoscience, v1, 106 – 10 [doi: 10. 1038/nge0102].

Shepherd, A. & Wingham, D., 2007, Recent sea level contributions of the Antarctic and Greenland ice sheets: Science, v315, p1529 – 32.

Vaughan, D. G., 2005, How does the Antarctic ice sheet affect sea level rise? Science, v308, 24June, p1877 – 1878.

Vaughan, D. G. & Arthern, R., 2007, Why is it hard to predict the future of ice sheets? Science, v315, 1503 – 4 [doi: 10. 1126/science. 11411111].

Vaughn, D., Holt, J. W., & Blankenship, D. D., 2007, West Antarctic links to sea level estimation: EOS, Transactions of the American Geophysical Union, v88, 13 Nov 2007. Velicogna, I. & Wahr, J., 2006, Measurements of time-variable gravity show mass loss in Antarctica: Science, v311, no. 5768, P1754 - 56.

第五章

Armstrong, J. S. (ed), 2001, Principles of forecasting: A handbook for researchers and practitioners: Springer, p849.

Armstrong, J. S., Green, K. C., & Soon, W., 2008, Polar bear population forecasts: A public policy forecasting audit: Interfacer, v38, p382 - 404.

Bowen, M., 2008, Censoring science: Dutton, p324.

CeccareUi, L., 2001, The shaping of science with rhetoric: The cases of Dobzhansky, Schrodinger, and Wilson: University of Chicago Press, p192.

Beck, G., 2007, An inconvenient book: Real solutions to the world's biggest problems: Simon and Schuster, p295.

Gore, A., 2006, An inconvenient truth: The planetary emergency of global warming and what we can do: Rodale Books, p328.

Hansen, J. E., 2007, Scientific reticence and sea level rise: New Scientist Magazine, v2614, p30 - 34.

Horner, C., 2007, The politically incorrect guide to global warming and environmentalism: Regnery Publishers, p366.

Lomborg, B., 2001, The skeptical environmentalist: Measuring the real state of the world: Cambridge University Press, P540.

Lomborg, B., 2007, Cool it: The skeptical environmentalist's guide to global warming: Knopf, p272.

Michaels, D., 2005, Doubt is their product: Scientific American, v292, p96 - 101.

Michaels, P., 2004, Meltdown: The predictable distortion of global warming by scientists, politicians, and the media: The Cato Institute, p208.

Michaels, P., 2005, Shattered consensus: The true state of global warming: Rowman and Littlefield, p304.

Monckton, C., 2007, 35 inconvenient truths: The errors inA1 Gore's movie: The Science and Public Policy Institute, p21.

Nordhaus, W. D., 2008, A question of balance: Weighing the options on global warmingpolicies: Yale University Press, p256.

Oreskes, N., 2004, Science and public policy: What's proof got to do with it? Environmental Science & Policy, v7, p369 - 83.

Rahmstorf, S., 2007, A semi-empirical approach to projecting future sea level rise: Science, v315, p368 - 70.

Robinson, A. B., Robinson, N. E., & Soon, W., 2007, Environmental effects of increased atmospheric carbon dioxide: Journal of American Physicians and Surgeons, v12, P79 - 90.

Romm, J., 2007, Hell and high water — and what you should do: HarperCollins Publishers, p285.

Singer, S. F. & Avery, D., 2008, Unstoppable global warming: Every 1500 years: Rowman and Littlefield Publishers, p264.

Solomon, L., 2008, The deniers: The world renowned scientists who stood against global warming, hysteria, politicalpersecution, and fraud: Richard Vigilante Books, p239.

Union of Concerned Scientists, 2007, Smoke, mirrors, and hot air. www. ucsusa. org, p63.

第六章

Alleng, G. P., 1998, Historical development of the Port Royal mangrove wetland, Jamaica: Journal of Coastal Research, v14, P951 - 59.

Bacon, P. R., 1994, Template for evaluation of impacts of sea level rise on Caribbean coastal wetlands: Ecological Engineering, v3, p171 - 86.

Blasco, F., Saenger, P., & Janodet, E., 1996, Mangroves as indicators of coastal change: Catena, v27, p167 - 78.

Carson, R., 1955, The edge of the sea: Houghton Mifflin, p276.

Ellison, A. M. & Farnsworth, E. J., 1996, Anthropogenic disturbance of Caribbean mangrove systems: Past impacts, present trends, and future predictions: Biotropica, v28, P549 - 65.

Ellison, J. C. & Stoddart, D. R., 1991, Mangrove ecosystem collapse during predicted sea level rise? Holocene analogs and implications: Journal of Coastal Research, v7, p151 - 65.

Field, C. D., 1995, Impact of expected climate change on mangroves: Hydrobiologia, v295, P75 - 81.

Jin-Eong, O., 2004, The ecology of mangrove conservation and management: Hydrobiologia, v295, P343 - 51.

Kolbert, E., 2006, The darkening sea: What carbon emissions are doing to the sea: The New

Yorker, November 20, 2006, p66 – 75.

Macintyre, I. G., 2007, Demise, regeneration and survival of some Western Atlantic reefs during the Holocene transgression: In R. B. Aronson (ed), Geological approaches to coralreef ecology, Ecological Studies 192: Springer, p181 – 200.

Parkinson, R. D., Delaune, R. D., & White, J. R., 1994, Holocene sea level rise and the fate of mangrove forests within the wider Caribbean region: Journal of Coastal Research, v10, p1077 – 1086.

Pandolfi, J. M., et al., 2006, Mass mortality following disturbance in Holocene coral reefs from Papua, New Guinea: Geology, v34, P949 – 52.

Semenuik, V., 1994, Predicting the effect of sea level rise on mangroves in Northwestern Australia: Journal of Coastal Research, v10, p1050 – 1076.

Snedaker, S. C., 1995, Mangrove and climate change in the Florida and Caribbean region: Scenario and hypotheses discussion: Hydrobiologia, v295, P43 – 49.

Spencer, C., 2008, Edisto Island, 1663 to 1860: Wild Eden to cotton aristocracy: The History Press, p222.

Titus, J. G. (ed), 1988, Greenhouse effect sea level rise and coastal wetlands: U. S. Environmental Protection Agency, p152.

Wood, C. M. & McDonald, D. G. (eds), 1997, Global warming: The implications for fresh water and marine fish: Cambridge University Press, p425.

Woodroffe, C. D., 1990, The impact of sea level rise on mangrove shorelines: Progress in Physical Geography, v14, p483 – 520.

第七章

Cline, W. R., 2007, Global warming and agriculture: Impact estimated by country: Peterson Institute, p201.

Dasguopta, S., Laplante, B., Meissner, C., Wheeler, D., & Yan, J., 2007, The impact of sea level on developing countries: A comparative analysis: World Bank Policy Research Working Paper 4136, p51.

Emanuel, K. A., 1987, The dependence of hurricane intensity on climate: Nature, v326, p483 – 85.

Francis, J. A. & Hunter, E., 2006, New insight into the disappearing Arctic Sea ice: EOS,

Transactions of the American Geophysical Union, v87, p509 – 11.

Gibbons, S. J. A. & Nicholls, R. J., 2006, Island abandonment and sea level rise: An historical analog from the Chesapeake Bay, USA: Global Environmental Change, v16, p40 – 47.

Jacob, K., Gornitz, V., & Rosenzweig, C., 2007, Vulnerability of the New York City metropolitan area to coastal hazards, including sea-level rise: Inferences for urban coastal risk management and adaptation policies: In L. McFadden, R. Nicholls, & E. Penning-Rowsell (eds), Managing coastal vulnerability: Elsevier, P139 – 56.

Kerr, R. A., 2006, Global warming may be homing in on Atlantic hurricanes: Science, v314, p910 – 11.

Kister, C., 2004, Arctic melting: How global warming is destroying one of the world's largest areas: Common Courage Press, p224.

Komar, P., 1997, The Pacific Northwest coast. Duke University Press, P195 Milliman, J. D. & Haq, B. U. (eds), 1996, Sea level rise and coastal subsidence: Causes, consequences and strategies: Kluwer Academic Publishers, p369.

Nicholls, R. J., et al., 2007, Ranking of the world's cities most exposed to coastal flooding today and in the future: OECD, Environment Working Paper No. 1, Executive Summary, p12.

Nishioka, S. & Harasawa, H. (eds), 2000, Global warming: The potential impact on Japan: Climatic Change, v47, p213 – 15.

Pilkey, O. H. & Dixon, K. L., 1996, The Corps and the Shore: Island Press, p272.

Riggs, S. R., Cleary, W. J., & Snyder, S. W. 1995, Influence of inherited geologic framework upon barrier beach morphology and shoreface dynamics: Marine Geology, v126, p213 – 34.

Sarwar, G. M., 2005, Impacts of sea level rise on the coastal zone of Bangladesh: Masters Thesis, Lund University, Sweden, p38.

Wind, H. G. (ed), 1987, Impact of sea level rise on society: A. A. Balkema Publishers, p191.

第八章

Coastal Protection and Restoration Authority of Louisiana, 2007, Integrated ecosystem restoration and hurricane protection: Louisiana's Comprehensive Master Plan for a Sustainable

Coast. Coastal Protection and Restoration Authority of Louisiana.

Lewis, P. F. , 2003. New Orleans: The making of an urban landscape: Center for American Places, p200.

Louisiana Coastal Wetlands Conservation and Restoration Task Force, 1998, Coast 2050: Toward a sustainable coastal Louisiana: Louisiana Department of Natural Resources, p161.

Louisiana Wetland Protection Panel, 1987, Saving Louisiana's coastal wetlands: U. S. Environmental Protection Agency (EPA -230 -02 -87 -026), p102.

McNabb, D. & Madere, L. E. , 2003, A history of New Orleans: Accessed at www. madere. com/history. html. January 25, 2009.

Morgan, J. P. & Morgan, D. J. , 1983, Accelerating retreat rates along Louisiana's coast: Louisiana Sea Grant College Program, p41.

Morton, R. A. , Tiling, G. , & Ferina, N. F. , 2003, Primary causes of wetland loss at Madison Bay, Terrebonne Parish, Louisiana: United States Geological Survey Open File Report 03 -60, p48.

National Research Council, 2006, Drawing Louisiana's new map: Addresslng land loss in coastal Louisiana: National Academies Press, p204.

National Research Council, 2008, First Report from the NRC Committee on the Review of the Louisiana Coastal Protection and Restoration (LACPR) Program: National Academies Press, p32.

Penland, S. , Ramsey, K. E. , McBride, R. A. , Moslow, T. F. , & Westphal, K. A. , 1989, Relative sea level rise and subsidence in Louisiana and the Gulf of Mexico: Louisiana Geological Survey, p65.

Program for the Study of Developed Shorelines, 2008, Expert panel assessment of coastal hazard mapping in the southeastern U. S. : Results from the First Cullowhee Coastal Conference July 23 -24, 2007 Available at psds. wcu. edu, p10.

U. S. Army Corps of Engineers, 1963, Hurricane study: Interlying area along coastal Louisiana in the vicinity of Houma, U. S. Army Corps of Engi-neers District, New Orleans File No. H -2 -2283.

Wilkins, J. G. , Emmer, R. E. , Hwang, D. J. , Kemp, G. P. , Kennedy, B. , Has-san, M. , & Sharky, B. , 2008, Louisiana coastal hazard mitigation guidebook: Louisiana Sea Grant College Program, p246.

第九章

Barkham, P., 2008, Waves of destruction, The Guardian, 17 April, www. guardian, co. uk/environment/2008/apr/17/flooding. climate.

Burian, S. J., 2000, Urban wastewater management in the United States: Past, present and future: Journal of Urban Technology, v7, P33 – 62.

Bush, D. M., Pilkey, O. H., & Neal, W. J., 1996, Living by the rules of the sea: Duke University Press, P179.

Clover, Charles, "Norfolk Broads Could Be Lost to Sea in a Year," Daily Telegraph, March 31, 2008. http: //www. telegraph. co. uk/earth/earth-news/3337776/Norfolk-Broads-Could-Be-Lost-to-Sea-in-a-year. html.

Dean, C., 1999, Against the tide: The battle for America's beaches: Columbia University Press, p234.

Girling, R., 2007, Sea change: Britain's coastal catastrophe: Transworld Publishers, P353.

Howard, J. D., Kaufman, W., & Pilkey, O. H., 1985, A national strategy for beach preservation White Paper: Second Skidaway Institute of Oceanography Conference on America's Eroding Shoreline.

Houck, O., 2006, Can we save New Orleans? Tulane Environmental Law Journal, v19, p68.

IPCC, 2005, Special report on carbon dioxide capture and storage: Cambridge University Press, p429.

Kaufman, W. & Pilkey, O. H., 1979, The beaches are moving: The drowning of America's shoreline: Duke University Press, P336.

Keith, D. W., 2000, Geoengineering the climate: History and prospect: Annual Review of Energy and the Environment, p245 – 84.

National Research Council, Marine Board, Committee on Engineering Implications, 1987, Responding to changes in sea level: Engineering implications: National Academy of Sciences Program for the Study of Developed Shorelines: Beach Nourishment Table, http: //psds. wcu. edu.

Romm, J., 2008, Hell and high water: The global warming solution: Harper Perennial, p304.

Sargent, W., 2007, Just seconds from the ocean: Coastal living in the wake of Katrina: University Press of New England, p142.

Schmidt, G., 2008, Hypothesis testing and long range memory: Real Climate, http: //www, realclimate. org.

Sengupta, B., 2009, In silt, Bangladesh sees potential shield against climate shift, New York Times, March 20, p. A16.

Woodwell, G. M., 1991, Forests in a warming world: A time for new policies: Climatic Change, v19, p245 - 51.

致谢

我们要感谢很多人。欧文·梅森提供相关指导，并带我们去到阿拉斯加北极的海岸线考察。因纽特人托尼·韦耶万勒，阿拉斯加希什马里夫村精明能干的发言人，为我们详细讲述了海平面上升和永久冻土融化给该村造成的两难境地。布鲁斯·莫欧利亚，最近出版了有关阿拉斯加冰川的著作——这可能是我们这些年来读过的最厚重的(毫不夸张)一本，他在书中关于高山冰川消融的见解发人深省，此书的初稿借鉴了他不少观点。在密西西比河三角洲和墨西哥湾海岸海平面上升的问题上，美国地质调查局的艾比·萨兰格和罗伯特·莫顿、新奥尔良大学的丹尼斯·雷德以及环境保护基金会的安吉丽娜·弗里曼不吝赐教，分享了大量颇有见地的新见解，我们从中受益匪浅。迈阿密大学的哈尔·万利斯在佛罗里达州当局对海平面上升问题不置可否的时候，始终发出理性的声音并通过自身的努力激励我们走向公众去履行科学家的职责，让每一个人知晓未来海平面上升的必然性。史密森学会的地质学家伊恩·麦金泰尔，以70有余的高龄仍坚持在珊瑚礁水域潜水考察，他是我们在珊瑚礁问题上最可仰仗的专家和顾问。华莱士·考夫曼为我们提供大量文献，帮助我们收集全社会有关全球气候变化的各种声音，甚至包括那些来自怀疑制造者和科学怀疑者的否定之声。简·雷斯切尔夫人，南太平洋图瓦卢岛上的居民，她慷慨地同意我们在书中引用她伤怀故土的美丽诗句。此外，在撰写此书的过程中，罗伯特·蒂勒、彼得·哈夫、托马斯·克罗利、约瑟夫·凯利、安德鲁·库珀、大卫·布什以及其他许许多多热心人为我们提供了大量观点和建议，在此一并感谢。

在数年前的一次电话交谈中，岛屿出版社的乔纳森·科布看到了出版此书的意义，从那时起他就一直在指导并鼓励我们进行撰写。一个好的编辑必须竭尽全力让作者规避受兴趣驱使而使话题失控的情形，并要自始至终督促作者保持理性而诚实的写作态度。这个过程固然艰难，乔纳森却用灵活的交际手段最终和我们发展成为朋友。当书中出现表述模糊的事实时，夏琳·皮尔奇不惜花上数小时帮助我们在网上进行检索查证。文字编辑诺玛·隆戈也非常细心，为本书提供了大量宝贵的背景研究资料。霍利·汤普森、诺玛·隆戈、布鲁斯·莫尔尼亚、伊恩·麦金泰尔、夏琳·皮尔奇、基思·皮尔奇、论恩· 皮艾特菲沙、利·安妮·扬等则对本书早先的一些章节进行了认真编校。我俩的夫人利·安妮·扬和夏琳·皮尔奇为本书的撰写提供了大量的支持和帮助，对家庭我们有愧于心，衷心感谢她们任劳任怨的付出。